KB042670

Power J가 알려주는
Let's GO 하와이
with Family

지은이 | 석장군

펴낸이 | 최병식

펴낸날 | 2024년 4월 4일

펴낸곳 | 주류성출판사

주소 | 서울특별시 서초구 강남대로 435 주류성빌딩 15층

전화 | 02-3481-1024(대표전화) 팩스 | 02-3482-0656

홈페이지 | www.juluesung.co.kr

값 20,000원

잘못된 책은 교환해 드립니다.

ISBN 978-89-6246-528-0 03980

석장군 지음

목차

하와이 여행 준비

하와이 여행 준비

1) 비행기표

하와이 빅아일랜드 여행 계획이 있다면, 미국 국내선인 '하와이안 항공'을 필수적으로 이용해야 한다. 하와이안 항공은 수하물 배송을 유료로 제공하고 있어서 4인가족 짐을 부친다면 이 비용도 상당히 드는 편이다. 그런데 인천-호놀룰루-빅아일랜드 경로로 수하물을 연계할 경우 이 비용을 아낄 수 있다. 대한항공과 아시아나 항공은 하와이안 항공과 코드쉐어 협정을 맺고 있기 때문에 연결항공편 이용 시 수하물 이용비를 면제해준다.

이용 방법은 간단하다. 하와이안 항공 한국 총 대리점에 연락을 하여 대한/아시아나 항공권과 하와이안 항공권의 공동운항편 항공권을 예매하면 된다. 다만 하와이안항공 홈페이지에서는 해당 메뉴를 찾기가 힘들다. 고객센터로 전화를 하는 것이 더 확실하게 이용할 수 있는 방법이다.

수화물 연계를 했을 때는 수화물 태그에 '코나(KONA, KOA)'와 '호놀룰루(HNL)'가 동시에 표기된다

만약 대한항공이나 아시아나항공 티켓과 하와이안항공 티켓을 별도로 구매하였어도 수화물 연계를 할 수 있다. 인천공항에서 체크인을 할 때 하와이안 항공을 이용할 예정이라고 말하고 수하물 연계를 요청하면 전산 처리를 해준다.

단, 이 방법을 사용할 때는 '도중하차'로 간주되기 때문에 호놀룰루 공항에서 수화물을 찾았다가 다음 비행기를 탈 때 다시 부쳐야 한다. 호놀룰루 공항에 내려서 짐을 찾은 다음 국내선 터미널로 이동하는 동선에 'Baggage drop' 코너가 있으니 여기 직원에게 수하물에 붙어있는 태그를 보여주고 맡기면 된다.

호놀룰루 공항 곳곳에는 'Baggage Claim'과 'Transit Bag Drop'을 어디서 할 수 있는지 잘 표기되어 있다. 화살표를 잘 보고 따라가면 어렵지 않게 백 드롭 포인트를 찾을 수 있다

공동운항편 항공권을 예매했더라도 국내선의 경우 4시간 이상, 국제선의 경우 24시간 이상 대기 시간이 걸린다면 이 경우도 '도중하차'로 간주된다. 호놀룰루 공항에서 4시간 이상 머물렀다 비행기를 탄다면 반드시 짐을 찾아서 'Baggage drop'에 다시 맡기도록 하자.

수화물 연계 시 짐을 부치는 곳이다. 태그를 보여주고 짐을 맡기면 된다

2) 짐싸기

하와이는 사계절 더운 날씨여서 옷가지가 주로 여름옷이긴 하나, 빅아일랜드 특히 힐로 지역을 여행할 때는 항상 비를 대비해야 하기 때문에 방수재질의 바람막이가 필요하다. 얇은 바람막이는 아침 저녁이나 다이아몬드 힐 일출 트레킹 등 기온이 낮은 환경에서 활동 할 때 요긴하게 쓸 수 있다.

또한 빅아일랜드 마우나케아를 방문할 예정이라면 겨울 패딩은 필수다. 평소에 추위를 심하게 타지 않을 경우에는 경량 패딩 정도만 가져가도 대비가 되지만, 추위를 많이 탄다면 제대로 된 패딩을 챙겨야 추위로부터 방어가 가능하다.

마우나케아 선셋힐에서의 아이들 : 우리나라 한겨울에 해당하는 옷차림을 해야 편안한 관광이 가능하다

3) 여행자보험, 절도방지

하와이에서 병원에 갈 일이 없어야 하지만, 혹시라도 병원에 가게 될 경우 병원비가 상상을 초월한다. 뜨거운 것에 데이거나 찰과상을 입어서 드레싱만 받더라도 최소 20~30만원의 치료비가 청구된다. 여행자 보험은 치료비뿐만 아니라 절도나 분실, 물품 파손에 대해서도 일정 비율 보상을 보장한다. 특히 오아후 지역에서는 차량 유리 파손/절도가 자주 일어나기 때문에 이 경우를 대비해서라도 여행자보험을 가입하는 것이 좋다. 실제 오아후 섬 호놀룰루 지역에서만 매달 500건 이상의 차량 유리 파손/절도가 일어나고 있

할로나 블로우홀 주차장에서 본 차량 파손/절도 피해 차량. 이 차의 위치와 블로우홀은 불과 30미터 정도 밖에 떨어져 있지 않았지만, 주변 관광객 아무도 차량이 파손되는 것을 몰랐다

으며 우리 가족도 주차장 절도 현장을 목격하기도 했다.

주차장 절도를 막기 위해 가장 좋은 방법은 차에 귀중품을 두지 않는 것이다. 귀중품이라고 해서 귀금속이나 핸드폰만을 의미하지는 않는다. 사소한 것이라도 중고로 팔았을 때 10달러 이상의 가치가 있다면 눈에 보이지 않도록 수납공간에 다 정리하고 주차할 수 있도록 하자. 미국 차량은 법적으로 운전석/조수석 주변 유리를 어둡게 코팅할 수 없게 되어 있다. 그래서 속이 훤히 들여다 보이는데, 팔걸이나 운전석 주변에 물건을 두게 되면 순식간에 유리를 파손하고 가져가버린다. 한 낮 유동인구가 많은 주차장이라도 안심하면 안 된다. 고성능 스피커로 음악을 크게 틀고 망치로 유리를 파손할 경우 유리가 깨지는 소리조차 들리지 않는다. 절도에 걸리는 시간은 몇 십 초 이내이니, '잠깐' 방심도 조심하도록 하자.

4) 비상약

하와이에는 한국처럼 약국이 많지 않다. 마찬가지로 병원도 많지 않기 때문에 기초적인 응급약은 한국에서 준비해 가는 것이 좋다.

하와이 코스트코에서 판매하고 있는 약성분이 없는 멜라토닌 수면 보조제

1. 항히스타민제

먼저, 독성이 있는 해양생물에 접촉하거나 섭취했을 경우 생길 수 있는 알레르기에 대비해서 항히스타민제를 반드시 준비하자. 항히스타민제는 햇빛알레르기에도 유효한데, 평소에 햇빛알레르기가 없던 사람도 하와이의 강력한 햇살을 맞으면 알레르기 반응이 일어나기도 한다. 이 경우 항히스타민제가 큰 도움이 될 수 있다.

2. 해열/진통제

아이들과 함께하는 여행에서는 해열/진통제는 무척 중요하다. 여행중에 어쩔 수 없이 노출되기 쉬운 피로나 각종 바이러스로 인한 고열/장염/통증에는 소염기능이 있는 진통제가 조금 더 유용하다.

진통제는 크게 2가지 종류가 있는데, 하나는 '아세트아미노펜'이며 다른 하나는 '이부프로펜'이다. '아세트아미노펜' 계열 중에서 가장 유명한 것은 '타이레놀'이고, '이부프로펜' 계열 중에서 가장 유명한 것이 '애드빌'이다. 같은 종류를 한 번에 여러 개 먹는다해도 효과가 크지 않아서 증상이 무거울 경우에는 다른 종류의 진통제를 교차로 복용하는 것이 효과가 좋다.

3. 습윤밴드

하와이의 해변에는 산호와 날카로운 화강암이 많은 편이다. 찰과상은 언제나 일어날 수 있는 일이기 때문에 일반 밴드보다는 방수가 가능한 습윤밴드를 준비하는 것이 좋다.

4. 수면보조제

하와이로의 비행 시간은 평균 9시간 내외로 긴 편에 해당한다. 둔감한 편이 아니라면 비행기에서 잠들기는 쉽지 않은데 이 때 수면보조제가 도움이 된다. 수면보조제는 수면제와 전혀 다른 약이다. 수면제는 의사의 처방이 필요하며 잘못 복용할 경우 매우 위험하지만 수면 보조제는 몸에 위험한 물질의 양이 극히 적으며 일반 약국에서도 처방없이 살 수 있다. 미국에서는 마트에서도 쉽게 구할 수 있는 정도이다. 같은 수면 보조제 중에서도 약물성이 아닌 신체에서 합성되는 물질인 '멜라토닌' 성분이 들어간 제품들이 신체 부담이 적다. 하와이 도착 후 혹은 한국 도착 이후에 시차 적응에도 어느정도 도움이 된다.

5) 기타 장비

1. 영상촬영을 위한 짐벌 혹은 액션캠

핸드폰이 방수라고 해서 바닷물에서도 핸드폰을 그냥 쓰면 낭패를 본다. 물론 핸드폰 내부로 물은 안 들어가지만 소금 성분이 충전단자를 부식시켜 유선 충전이 안 되니 주의하자.

2. 스노클 장비

코스트코, 월마트, 타겟 등에서 파는 제품은 핀까지 포함하여 50달러 내외인 경우가 많다. 이 제품들의 질은 그렇게 뛰어난 편은 아니며, 습기와 물샘을 각오해야 한다. 하와이에서 스노클링을 자주할 생각이거나 물샘과 습기가 신경쓰인다면 수고스럽더라도 한국에서 제품을 사서 가는 게 더 좋다. 수많은 한국인 관광객들이 하나우마베이 같은 곳에서 스노클링을 하고 퇴장할 때 쓰레기통에 장비를 버리는 것을 보았다. 간단히 체험 정도만 해볼 생각이면 이것도 방법이긴하다. 그런데 향후 스노클링을 계속 할 생각이 있다면 처음부터 질 좋은 장비를 사는 것을 추천한다.

3. 풀페이스 마스크

요즘 풀페이스 마스크가 많이 나오고 있는데, 풀페이스 마스크는 일반 스노클 장비보다 폐활량이 더 필요하다. 제품에 따라 강한 힘으로 숨을 쉬어줘야 하는 것도 있는데, 이런 제품군들은 여성이나 아이들의 경우 답답함을 호소하는 경우가 많다. 그래서 풀페이스 마스크를 사용할 계획이라면 욕조 등에서 테스트를 해보고 바다에서 사용하는 것이 좋다. 중학교 2학년, 초등학교 4학년 아이 둘에게 하와이 현지에서 산 50달러짜리 풀페이스 마스크를 씌웠더니 물속에서 숨쉬기가 힘들다며 일

오른쪽이 풀페이스 마스크, 왼쪽이 일반 마스크이다. 사람마다 선호하는 형태가 다르니,
미리 껴보고 편한 제품을 구매하는 것이 좋다.(촬영 장소는 샥스코브 비치)

반 스노클 장비를 더 선호하였다. 풀페이스 마스크 역시 숨쉬기 편한 고품질의 제품을 사용하길 권한다.

4. 핀(오리발)

마스크와 함께 필수적인 것이 '핀(오리발)'이다. 핀은 길이가 짧은 '숏핀'을 준비하는 것이 수납과 사용에 더 편리하다. 배를 타고 나가서 프리다이빙을 하거나 스노클링을 하면 롱핀이 훨씬 편하지만 해변을 통해서 걸어들어가는 지역이라면 무조건 숏핀이 편리하다. 특히 수영 실력이 뛰어나지 않을 경우에는 롱핀을 끼고 바닷물 속에서 서있기란 거의 불가능하니, 웬만해선 숏피을 준비하도록 하자. 숏핀은 부기보드를 탈 때도 필요하다. 거대한 파도는 그 속도도 빠르기 때문에 숏핀 없이 부기보드를 타려고 하면 파도를 타기도 전에 지나가버린다. 제대로 파도를 타려면 파도가 들어오는 속도에 맞춰 숏핀을 힘차게 차고 나가 속도를 내어줘야 한다.

6) 렌터카 이용하기

보통 하와이 여행 시 4인가족 기준으로 5인승 Standard SUV를 렌트하게 된다. Standard SUV의 경우 29인치 대형 캐리어 3개와 작은 캐리어까지 들어가는 것이 일반적이지만, 모델에 따라 대형캐리어 3개도 겨우 들어 가는 경우가 있기도 하다. 만약 짐이 대형캐리어 4개 이상이라면, 차량 렌트 시에 7인승 suv를 빌리는 것이 여러모로 나으니 참고하자

보통의 경우 렌터카는 인수할 때 연료가 가득 채워져 있다. 그래서 반납할 때도 가득 채워야 하는데, 렌터카 업체마다 '가득 채울 필요가 없는 옵션'을 팔기도 한다. 이 옵션에 가입하면 10달러 내외로 돈을 내고, 반납할 때 연료가 어떤 상태이든 간에 상관없이 반납할 수 있다. 하지만 휘발유 기준 1갤런(약 3.78리터)에 3달러도 하지 않는 미국의 싼 유류비 덕에 웬만하면 이 옵션을 가입하지 않고 가득 채워 반납하는 것이 이득이다. 미국 렌터카는 대부분 휘발유를 사용한다. 휘발유 가격이 워낙 싼 나라이다 보니 디젤을 이용하는 차는 특수한 경우에만 운영된다. 그래도 주유를 위해서는 본인의 렌터카가 어떤 유종을 사용하는지 반드시 확인하고 주유소에 도착하자. 한국에서 디젤 차량을 운전했다면, 나도 모르게 디젤 호스를 차에다 넣게 되는 경우가 많다.

7인승 SUV를 빌렸는데도 4인가족의 한달 여행 짐을 가득 싣기는 버겁다

하와이 차들의 번호판에는 하와이를 상징하는 무지개가 그려져 있다

그리고 또 한 가지 미국 자동차 이용 시 참고해야 할 점은 대부분 자동차의 연료주입구 커버는 '똑딱이'로 되어 있다는 것이다. 차량 내부에 커버를 여는 버튼이 없으며 고급 승용차도 웬만하면 직접 커버를 눌러서 여는 경우가 많다. 휘발유는 한국과 마찬가지로 '옥탄가'를 기준으로 등급이 나뉘는데, '일반' 과 '고급'으로 나뉘는 한국과 달리 3~4가지 등급으로 나뉜다. 옥탄가의 숫자가 높을수록 고급 휘발유이며 옥탄가가 낮은 휘발유를 사용하면 차량에 따라 엔진에서 이상연소가 일어날 수도 있다. 하지만 이상연소라고 해서 엔진에 심각한 무리가 가는 것은 아니고 출력이 낮아지는 정도이니 안심하자. 가끔 차량에 따라 자동차 제조사들이 옥탄가 얼마 이상을 사용하라고 권고문을 붙여 놓기도 하는데, 그 권고문에도 반드시 높은 옥탄가의 휘발유를 사용하지 않아도 된다고 안내되어 있는 경우가 많다. 정리하자면, 어떤 휘발유를 사용해도 문제는 없으며, 비용을 아끼기 위해 가장 낮은 등급의 휘발유를 사용해도 무방하다고 해석하면 된다.

7) ESTA 신청하기

미국 영토 여행을 위해서는 미국 정부로부터 여행 허가를 받아야 한다. 여행 허가를 위해서는 미국 정부가 운영하는 ESTA에 접속해서 개인 정보 입력 및 수수료 결제가 필요하다. 많은 사람들이 ESTA 자체를 비자라고 오해하는 경우가 있는데, 비자는 아니고 여행 신고를 위한 시스템이니 참고하자.

신청하기 전에 명심해야 할 것은 ESTA에는 '임시저장'시스템이 없다는 것이다. backspace 버튼을 눌러서 이전 페이지로 넘어가거나 와이파이가 끊길 경우에는 작성했던 내용이 모두 삭제된다. 시스템에 입력할 것이 꽤 많으니 가능하면 통신 연결이 안정적인 환경에서 차근차근히 신청하는 것이 좋다.

입력하는 항목들은 오타가 없어야겠지만 입국 심사에서 문제가 되지 않으려면 특히 영문 이름과 같이 여권과 동일하게 기재해야 하는 항목들에 주의해야 한다. ESTA 등록 정보와 여권 기재 정보가 조금이라도 다를 경우 입국 시에 문제가 될 수 있다.

혹시나 ESTA에 틀린 정보를 기재하고 결제하면 환불은 불가하다. 만약 잘못된 부분이 있으면 처음부터 다시 기재한 뒤에 수수료 21달러를 또 내야 한다. 그러니 여권을 옆에 두고 한 글자 한 글자 신경 써 가며 차근차근 신청하도록 하자.

8) 일정 짜기

오아후, 빅아일랜드 두 섬은 특징이 너무나도 달라 어느 섬을 먼저 여행할지는 개인 취향에 따라 다르다. 단순히 동선만 따지자면 인천에서 호놀룰루 공항에 도착하자 마자 국내선으로 갈아타고 빅아일랜드를 다녀오는 것이 공항 일정을 줄일 수 있어 좀 더 간편하다.

오아후는 빅아일랜드 대비 상대적으로 체험 난이도가 낮다. 날씨도 좀 더 온화하고 섬 전체적으로 현대 문명이 골고루 배치되어 있어 여행 중에 식당에 가거나 하다못해 화장실을 가더라도 접근성이 좋다. 상대적으로 빅아일랜드는 자연 환경이 좀 더 거칠고 지역별로 통신사 전파가 닿지않는 곳도 많은 편이다. 물론 이런 점이 빅아일랜드의 매력이지만 여행 기간이 지날수록 여행 피로도가 계속 쌓여간다고 보면, 빅아일랜드를 먼저 경험하고 오아후를 여행하는 것이 체력적으로 좀 더 수월하다.

1. 빅아일랜드 동선

빅아일랜드는 제주도의 약 4배 크기의 섬이다. 상당이 큰 섬이기 때문에 반드시 동선을 생각하면서 숙소와 관광지 일정을 세워야 한다. 그리고 관광지별 식당도 마땅치가 않아서 외식을 할 생각이라면 미리 찾아갈 식당을 검색해 놓고 여행 동선을 짜는 것이 좋다. 우리 가족은 식당이 마땅치 않았던 여행지를 갈 때면 미리 무스비나 샌드위치를 만들어서 도시락을 싸서 가기도 했다. 보온병에 뜨거운 물을 담아가서 먹는 한국 컵라면도 맛이 일품이니 먹거리에 참고하자.

2. 오아후 동선

오아후는 숙소를 어디로 잡든, 교통체증을 감안하더라도 가장 멀리 있는 관광지까지 2시간 정도면 닿을 수 있다. 대부분 관광지가 와이키키 기준으로 1시간 정도 거리에 있어서 동선을 조정하기도 용이하다. 따라서 반드시 날씨가 좋아야 하는 관광(스노클링, 스쿠버다이빙, 일출/일몰 감상)일정에 날씨가 흐리다면, 다른 체험으로 대체하는 것이 좋다. 그리고 날씨가 좋은 날에 스노클링을 하는 식으로 유동적으로 계획하는 것을 추천한다.

9) 숙소 잡기

하와이 여행 중에 가장 부담되는 비용 항목은 바로 숙소다. 하와이 섬은 개발이 제한되어 있기 때문에 숙소들이 쉽게 들어설 수 없다. 숙소는 제한적인데 하와이를 찾는 관광객이 많기 때문에 항상 수요가 공급보다 많다. 매년 숙소비는 상승하고 있고, 그나마 저렴하다는 에어비앤비도 미국 내 다른 지역보다 훨씬 비싼 수준이다.

하와이에 있는 호텔들은 대부분 리조트 피와 주차비를 같이 받는다. 미국 본토에서는 주차비가 있는 호텔도 있고 무료인 호텔도 있지만 하와이 호텔들은 대부분 주차비를 받고 있다. 하루에 약 25~30달러 정도의 주차비가 계속 청구되는데, 여행객 입장에서는 무척 부담되는 수준이다. 리조트 피는 평균적으로 호텔 숙박비의 약 15%가 청구되는데, 1박에 400달러 방의 경우 60달러의 리조트 피가 추가로 청구되는 셈이다. 만약 1주일 동안 1박에 400달러 호텔에 묵었을 경우 숙박비는 2,800달러에 리조트 피가 420달러 그리고 주차까지 했다면 175달러 정도가 추가로 청구된다. 총 3,395달러가 청구되므로, 처음에 생각한 2,800 달러보다 595달러나 추가되는 셈이다.

그래서 우리 가족은 호텔의 편리함을 살짝 포기하고 에어비앤비로 여행기간 전체 숙소를 해결했다. 총 30일 동안의 여행이기 때문에 그 사이에 드는 주차비만 아껴도 백만원을 절약할 수 있는 셈이었다. 그리고 빅아일랜드 같은 경우에 화산공원쪽에는 호텔도 그리 많지 않다. 화산공원을 편하게 볼 수 있는 접근성 좋은 숙소는 에어비앤비에 훨씬 많았다. 물론 숙소는 개인 취향이지만 여행이 1주일에서 10일 정도로 단기간일 경우에는 호텔을 선택하는 것이 상대적으로 유리하고, 30일 정도 장기간 여행의 경우에는 부대 비용을 아끼기 위해 에어비앤비를 이용할 것을 추천한다.

빅아일랜드 와이콜로아 빌리지에
있었던 에어비앤비 숙소,
현지 타운하우스에서 지낼 수 있는
특별한 경험이었다

ZJH 154

빅아일랜드 힐로 지역에서 묵었던
에어비앤비. 엄청나게 넓은 정원을
만끽할 수 있었다

Big Island

빅아일랜드

25

아이들에게 방문한 곳을 지도에 직접 그리게 해보자. 하와이에 대해 더욱 자세한 기억을 갖게 해준다

빅아일랜드(Big Island)

1) 하와이 화산 국립공원

하와이 화산 국립공원(Hawaii Volcanoes National Park)은 빅아일랜드 남쪽에 위치하고 있다. 미국에서 '국립공원'이라고 하면 대부분 그 크기가 몇 개 도시를 합친 정도의 크기인데, 하와이 화산 국립공원 역시 하와이에서 가장 큰 섬인 빅아일랜드의 하단부 전체를 차지하고 있다. 크기로 따지면 약 4억평이며 제주도의 70% 크기다. 대표적인 활화산인 킬라우에아(Kilauea)와 마우나로아(Mauna Loa)를 포함하고 있다. 이 중 마우나로아는 지구에서 가장 큰 활화산이며 높이가 무려 4,169미터에 이른다.

공원이 워낙 큰 나머지 공원 내부에 트레일, 자전거 길은 물론 캠핑장, 박물관 등 다양한 시설들이 위치해 있다. 그래서 여행자가 며칠 사이에 화산공원 전부를 다 돌아보는 것은 거의 불가능할 정도이다. 따라서 화산공원 내에서 즐길 수 있는 것들을 훑어본 뒤에 입맛에 맞는 것들을 1차로 추려내고 여행 일정에 소화할 수 있는 것들로 다시 최종 선택하는 것이 고생하지 않고 알뜰히 여행하는 방법이다.

1. 스팀 벤츠(Steam Vents)

비지터센터에서 차량으로 2~3분 거리에 있는 장소이다. 갈라진 땅 사이로 '스팀'이 나오는 곳인데, 스팀을 몸에 맞으면 아주 따뜻하다. 마치 사우나에 들어가는 기분을 느낄 수 있는데, 따뜻한 스팀은 땅 속에 흐르는 용암을 간접 체험할 수 있게 해준다. 우리 가족은 유난히 기온이 낮고 비가오는 상황에서 스팀벤츠를 방문했었는데, 덜덜 떨리는 몸을 녹이며 체험할 수 있어서 유쾌했던 경험이 있다. 대단한 경치와 체험을 기대하지 않고 방문한다면 오히려 만족도가 높은 관광지이다.

2. 설퍼 뱅크(Sulphur Banks)

'설퍼(Sulphur)'는 원소기호 중 '황'을 의미한다. 이름이 시사하는 바와 같이 이곳은 유황가스를 눈으로 보고 코로 느낄 수 있는 곳이다. 별칭으로 '유황가마솥(Sulphur Cauldron)'이라고도 불리는데, 화산공원 비지터센터에서 걸어갈 수 있을 정도로 가깝다. 설퍼 뱅크 주변에 주차장이 없기 때문에 꼭 걸어서 가야 한다. 접근성도 아주 좋지만 우리에게 주는 경험은 더욱 독특하다. 설퍼 뱅크의 지면은 갈라지거나 봉긋 솟은 부분이 많은데, 이곳을 통해 가스와 미네랄이 증기형태로 뿜어진다. 증기의 양이 생각보다 많아서 이 지역 주변은 독특한 유황 냄새가 항상 진하게 나며 분출구 주변에는 광물들이 퇴적되어 노랗고 하얀색을 띄고 있다.

설퍼 뱅크 위로 관광객들이 편하게 관광할 수 있도록 나무 데크길이 설치되어 있는데, 이 위를 걸을 때 어느 정도 열감을 느낄 수 있을 정도로 땅의 온도가 높다. 실제 지온은 섭씨 100도에서부터 300도까지 오르는 곳도 있다고 한다.

설퍼뱅크의 유황냄새와 따뜻한 지열 그리고 공중으로 내뿜어지는 증기를

비가 오고 추운 날씨에 만나면
더욱 반가운 스팀 벤츠다. 용암이 데운
뜨거운 공기가 우리 몸을 따뜻하게 녹여준다.

설퍼뱅크는 지형 전체에서 유황가스가
올라온다. 별도 주차장이 없기 때문에
스팀벤츠 주차장에서 걸어가거나,
비지터 센터에서 걸어가야 한다.

온 몸으로 느껴보자. 지구를 형성하는 강력한 힘을 강접적으로 느낄 수 있는 매혹적이고 이색적인 경험이 될 것이다.

3. 이키 트레일 전망대(Iki Trail Overlook), 이키 트레일(Iki Trail)

이키 트레일은 하와이 화산 국립공원에서 가장 인기있는 하이킹 트레일이다. 왕복으로 5km가 살짝 넘는 정도의 코스이며 완주하는 데 약 2~3시간이 걸리는 적당한 하이킹 코스이다. 코스 전체에 경사가 가파르거나 바닥 요철이 심한 부분은 없었고, 초등학교 4학년인 딸아이는 조금 힘들어하긴 했지만 완주에 큰 무리는 없었다.

'이키 트레일'과 '이키 트레일 전망대'는 한 길로 코스가 묶여져 있다. 비지터센터에서 크레이터 림 드라이브 코스(Crater Rim Drive course)를 출발하면 이키 트레일 전망대 주차장을 먼저 만나게 된다. 전망대를 향해 쭉 걸어서 산길을 걸으면 이키 분화구 전체를 조망할 수 있는 전망대가 3군데 나온다. 몸이 불편하거나 시간이 없다면 이 전망대에서 분화구를 보는 것으로도 강렬한 인상을 받을 수 있다. 전망대를 지나면 이키 트레일 주차장을 만나게 되고 여기서부터 본격적인 트래킹 코스가 시작된다. 이키 트레일을 시작하는 지점은 몇 군데로 나눠지만 시작하기 가장 무난한 곳이 여기다. 이키트레일 주차장에서부터 시작해서 크레이터 끝까지 가로지른 뒤, 다시 주차장으로 돌아오는 코스이다.

킬라우에아 이키 분화구는 1959년 화산 폭발로 생겼으며 폭은 자그마치 0.8km를 넘는다. 주차장에서 트레일을 시작하면 바로 울창한 열대우림을 만나게 되는데, 이색적인 나뭇잎과 꽃들이 트레킹 전반 코스를 심심치 않게 해준다. 갈지자 코스를 몇 번 반복해서 산을 내려가주면, 용암이 굳어서 만들

이키트레일 전망대에서 바라본 이키 분화구의 모습. 다른 행성의 표면 같은 느낌을 준다.

흑백 사진이 아니다. 옷마저 무채색으로 입을 경우 마치 흑백 사진을 찍은 것처럼 강렬한 사진을 찍을 수 있다

트레일 코스 내내 이런 열대우림
사이로 난 길을 지나가야 한다

온 세상이 까만 현무암으로 둘러 쌓여
있기 때문에 밝은 옷을 입고갈 경우
강렬한 인상이 남는 사진을 찍을 수 있다.

어진 분화구 바닥에 닿게 된다.

분화구에 들어서면 온 세상이 시커멓게 내려앉아 있는 착각이 든다. 이렇게 온통 검은 바닥 중간 중간 갈라진 틈 사이로 킬라우에아 화산의 흰색 연기가 피어오르는 곳도 있다. 그리고 간헐적으로 흑색 바닥 틈 사이로 새빨간 열매를 맺고 있는 나무들도 자라나고 있는데, 이렇게 흑색 분화구의 흑/백/적의 명확한 명암 대비는 사진으로도 아주 멋지게 찍혀 우리에게 강렬한 인상의 추억을 남기게 해준다.

4. 나후쿠 서스턴 라바 튜브(Nahuku - Thurston Lava Tube)

라바 튜브는 위치 상 이키트레일 트래킹과 같은 날에 관광하는 것이 좋다. 이키트레일 주차장에서 길만 건너면 라바 튜브 입구이기 때문에 동선을 최소화할 수 있다.

하와이 지역의 관광 명소 앞에는 사람 이름이 붙는 경우가 많은데 라바 튜브도 마찬가지이다. 정식 명칭은 '나후쿠 서스턴 라바 튜브'인데 '지역 사업가이자 환경 보호 운동가인 로린 서스턴의 이름을 땄다. '나후쿠(Nahuku)'는 하와이어로 라바가 만든 '동굴, 융기, 돌기'라는 뜻인데, 현지에서는 나후쿠 서스턴 라바 튜브를 줄여서 '라바 튜브' 혹은 '나후쿠'라고만 부른다.

나후쿠 라바튜브는 약 500년 전 폭발한 화산의 용암이 이 지역을 흐르면서 생겼는데, 용암 표면은 굳어지고 내부는 녹은 용암이 계속 흐르면서 속이 빈 튜브 형태의 지형이 형성되었다.

관광객이 관람할 수 있는 용암굴의 전체 길이는 약 150미터 정도인데, '이렇게 짧아?'라고 느낄 정도로 10분이면 끝에 다다를 수 있다. 동굴 끝에는 계단이 만들어져 있는데, 계단 뒤쪽으로는 동굴이 계속 이어지고 있다. 플래시 라이트를 들고 뒤쪽에 이어지는 동굴을 계속 관찰하는 것도 가능하지만 관람로와 별다를 게 없기 때문에 추천하진 않는다. 빠르게 다녀올 수 있는 관광지이므로 시간이 급하지 않다면 꼭 들려볼 만한 코스이다.

5. 데바스테이션 트레일(Devastation trail)

데바스테이션 트레일은 비지터센터에서 이키 트레일을 가는 길 중간에서 만나볼 수 있다. 이 지역은 원래 울창한 열대우림이었지만 1959년 이키 화산이 폭발하면서 쏟아져 나온 용암이 열대우림을 황폐화 시키면서 생겨났다. 엄청난 폭발로 이 지역이 황폐화(devastated) 되었기 때문에 지역 이름 역시 '황폐화 지역'을 뜻하도록 '데바스테이션 트레일'이라고 불린다.

당시 화산 폭발은 높이가 500미터 이상에 이르렀다고 하는데, 이 때 생긴 커다란 원뿔 모양 언덕의 이름이 '푸우 푸아이(Pu'u Pua'i", 분출하는 언덕)'이다. 여기서 분출된 용암은 바람을 타고 긴 머리카락 같은 섬유 가닥으로 흩날리기도 했는데, 이렇게 굳어진 형태를 '펠레의 머리카락(Pele's hair)라고 부른다. 그리고 공중에서 그대로 굳어져 물방울 형태로 굳어진 형태를 '펠레의 눈물(Pele's tear)'이라고 부르는데, 이런 형태 모두를 데바스테이션 트레일에서 찾아볼 수 있다.

이키트레일과 마찬가지로 주차장이 있으며 트레일 코스는 아스팔트로 깔려있어 휠체어와 유모차로도 이용이 가능하다. 트레일의 길이는 편도 800미터 정도로 쉬운 산책로 느낌이다.

데바스테이션 트레일에서는 종종
화산활동이 강렬하게 일어나,
흐르는 라바를 육안으로 직접 볼 수 있는
기회를 제공한다

화산공원은 거의 대부분 비가 오는
날씨이지만 키아호우 트레일을 기점으로
맑은 날씨를 만날 확률은 높다.
그래서인지 청량한 하늘과 대비되는 검은
대륙이 더욱 신기하게만 느껴진다

아이들도 라바가 굳은 지형이
신기한지 연신 신나게 뛰어다녔다
(키아호우 트레일)

6. 키아호우 트레일(Keauhou trail)

키아호우 트레일은 홀레이 씨 아치에 가는 길에 접하게 되는데, 대부분의 사람들이 홀레이 씨 아치 보다 이 트레일의 경치에 반하게 된다. 트레일을 위한 별도의 주차장은 없고 조금 널찍한 갓길을 찾아 주차를 하면 된다. 주차장이 없다보니 트레일의 시작점을 찾지 못할까 불안하기도 하지만 체인오브 크레이터 로드를 따라 내려가다 보면 자연스럽게 마주치게 된다. 여유롭게 경치를 즐기며 드라이브를 하다보면 갑자기 풍경이 바뀌며 나타나는 드넓은 검은색 대지를 만나게 되는데 그곳이 바로 키아호우 트레일이다.

키아호우 트레일의 총 길이는 10km가 조금 넘는데 울창한 열대우림부터 바위가 많은 화산 지형까지 다양한 풍경을 갖추고 있다. 이 지역이 주는 검은색의 시각적 자극은 너무나 강렬하고 라바가 굳은 흔적을 밟고 걷는 것만으로도 평생 경험해보지 못한 색다른 느낌을 느낄 수 있다. 엄청난 양의 라바가 이 일대를 다 뒤엎고 지나간 흔적은 인간의 상상력을 압도해 버리는 힘이 있다. 가족 멤버들도 '우와~'라는 감탄사를 계속 내뱉으며 뛰어보기도 하고 걷기도 하며 이 트레일 위의 한 순간을 오랫동안 기억하려고 애를 썼다.

가족 구성원 중에 초등학생이 있다면 키아호우 트레일을 끝까지 완주하는 것은 무리다. 10km 라는 거리도거리지만, 화산공원의 날씨가 예측이 거의 불가능하기 때문이다. 특히 겨울 시즌에는 비, 바람, 돌풍이 강하고 일기예보와는 다른 현상을 보여주기 때문에 트레킹 도중에 어떤 궂은 날씨를 맞이하게 될지 모른다. 그래서 초등학생과 함께 키아호우 트레일에 간다면, 10~15분 정도 걸어보는 정도를 추천한다.

여건이 된다면 키아호우 트레일을 끝까지 종주해보는 것도 잊지 못할 추억이 될 것이다. 용암이 만든 거대한 산과 거기에 맞닿아 이어지는 해변의 모습도 장관이지만 키아호우 트레일 코스를 걷다보면 다양한 고대 하와이 문화 유적지도 볼 수 있다. 바위에 새겨진 암각화와 오래된 하와이 사원과 매장지도 트레일 코스에 포함되어 있으니 시간과 체력이 여유롭다면 도전해볼만 하다.

뒷편으로 보이는 거대한 파도 같은 산이
마우나로아이다. 너무 거대해서 평지처럼
보이는 착시가 있다(푸우로아 트레일)

사진 좌측에 보이는 거대한 산,
마우나로아를 배경으로 걷다보면
하와이의 역사 속으로 빠져들게 된다

7. 푸우로아 트레일 (Puuloa trail)

푸우로아 트레일은 차량을 타고 산을 거의 다 내려온 지점에서 만날 수 있다. 구글 지도 상에는 '푸우로아 암각화(Pu'u Loa Petroglyphs)'로 검색한 뒤 체인 오브 크레이터 로드와 만나는 곳에 주차를 하면 된다.

이 트레일은 원래 '푸나 코스트 트레일(Puna Coast Trail)'에 속해있는 길이지만, 체인 오브 크레이터 로드부터 암각화가 있는 곳까지의 짧은 코스를 별도로 '푸우로아 트레일'이라고 특정해 부른다.

체인 오브 크레이터 로드부터 트레일 끝부분에 위치한 푸우로아 암각화까지는 약 1km 정도의 거리다. 업다운이 심하지 않는 길로 누구나 쉽게 트래킹을 즐길 수 있다. 이 트래킹 코스의 포인트는 세상에서 가장 높은 화산인 마우나로아를 배경으로 걸을 수 있다는 점이다. 트래킹 도중 아무 때나 사진을 찍어도 인스타그램에 올릴 멋진 사진이 완성된다.

또 하나의 포인트는 '푸우로아 암각화 지대'이다. 이곳은 용암암에 새겨진 23,000개 이상의 암각화 또는 암각화 조각이 모여 있는 곳인데, 서기 1200년에서 1450년 사이 하와이 원주민에 의해 만들어진 것으로 추정하고 있다. 암각화에는 사람, 카누, 거북이, 새, 기하학적 모양과 문양이 새겨져 있는데, 하와이 원주민들이 출산을 하게 되면 아이의 탯줄을 이곳에 놓아 아이가 이 땅과 연결되어 있음을 표시했다고 한다.

8. 홀레이 씨 아치(Holei Sea Arch)

홀레이 씨 아치는 빅아일랜드 남동쪽 해안에 위치한 침식 지형이다. 오랜 기간 동안 파도가 해안선을 치면서 가장 바깥쪽은 침식되지 않고 더 안 쪽이 침식되어 아치형의 큰 공간이 생겼다. 아치의 크기는 높이 27미터 폭 18미터

에 이르러서 멀리서도 아치를 또렷하게 관찰할 수 있다.

홀레이 씨 아치 주차장은 체인 오브 크레이터 로드의 맨 마지막 종착지이다. 이 이후로는 해당 도로를 이용할 수 없도록 바리케이드를 설치해 놓았다. 원래의 체인 오브 크레이터 로드는 시작과 끝이 만나는 형태로 건축되었는데 1986년의 화산폭발과 2003년의 지진으로 현재와 같이 홀레이 씨 아치 부근에서 끊기는 모습을 갖게 되었다.

홀레이 씨 아치 뷰포인트에서는 침식 지형인 씨 아치를 보는 맛도 있지만 태평양과 인근 절벽의 멋진 전망을 감상할 수 있는 점도 매력적이다. 태평양의 거대한 파도가 빅아일랜드의 절벽을 때리고 있는 모습 자체가 청량감을 주기도 한다.

주차장에서 아치를 볼 수 있는 뷰포인트 까지는 도보로 7~8분 정도 걸린다. 그런데 주차장이 상당히 협소하고 주차장 끝까지 가서 자리가 없으면 다시 돌아서 나와야 하는 구조를 갖고 있다. 그래서 많은 차들이 갓길에 주차하는데, 특별히 주차 단속을 하는 지역은 아니니 참고하자.

이곳은 주차장은 아니지만 주차장이라 생각할만큼 갓길이 넓게 만들어져 있다.

사진 정면에 아치형의 절벽이
바로 '홀레이 씨 아치'이다.

★ 쿠키 정보

하와이 화산 국립 공원을 떠올리면 가장 먼저 기대되는 것은 아마도 '라바'일 것이다. 검붉은 라바가 흘러내리는 모습은 무척 매력적이어서 우리가 캠핑장에서 '불멍'을 하는 것처럼 라바도 넋을 잃고 보게 된다. 그런데 라바를 관찰할 수 있는 곳은 매번 바뀌기도 하고 어떤 때는 밖으로 흘러내리는 라바를 볼 수 없을 때도 있다. 따라서 화산 공원에 도착하면 제일 먼저 비지터센터에 방문하길 추천한다. 화산 공원 비지터 센터에서는 그 시기 라바를 관찰할 수 있는 곳을 파악하고 있으며, 가장 잘 볼 수 있는 곳을 추천해 준다. 우리 가족 역시 방문 시기에 킬라우에아 분화구에서 흘러내린 라바를 두 군데에서 관찰하였는데, '킬라우에아 오버룩'과 '데바스테이션 트레일'에서 모두 볼 수 있었다.

킬라우에아 오버룩에서 관찰할 수 있었던 라바

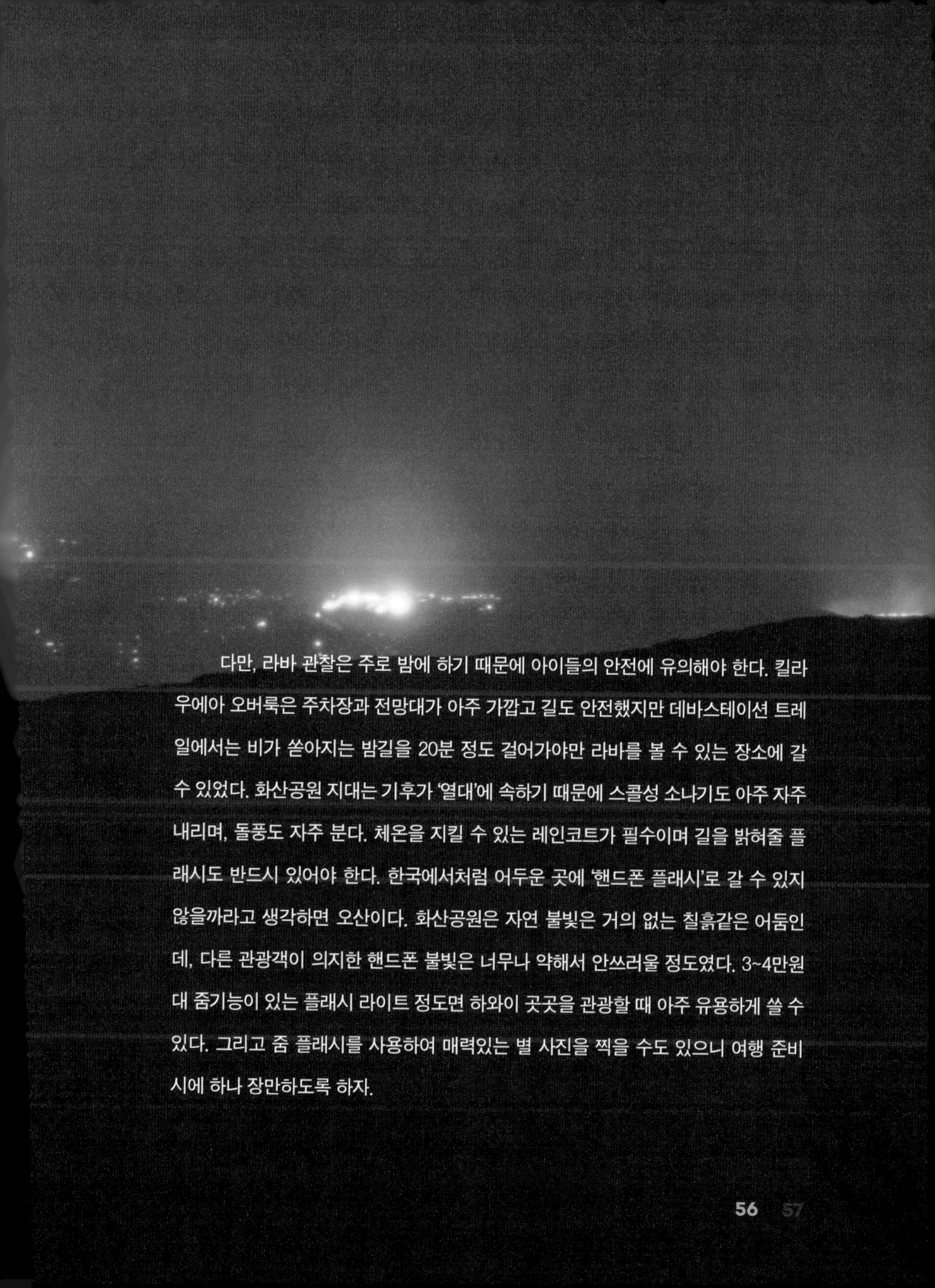

다만, 라바 관찰은 주로 밤에 하기 때문에 아이들의 안전에 유의해야 한다. 킬라우에아 오버룩은 주차장과 전망대가 아주 가깝고 길도 안전했지만 데바스테이션 트레일에서는 비가 쏟아지는 밤길을 20분 정도 걸어가야만 라바를 볼 수 있는 장소에 갈 수 있었다. 화산공원 지대는 기후가 '열대'에 속하기 때문에 스콜성 소나기도 아주 자주 내리며, 돌풍도 자주 분다. 체온을 지킬 수 있는 레인코트가 필수이며 길을 밝혀줄 플래시도 반드시 있어야 한다. 한국에서처럼 어두운 곳에 '핸드폰 플래시'로 갈 수 있지 않을까라고 생각하면 오산이다. 화산공원은 자연 불빛은 거의 없는 칠흙같은 어둠인데, 다른 관광객이 의지한 핸드폰 불빛은 너무나 약해서 안쓰러울 정도였다. 3~4만원대 줌기능이 있는 플래시 라이트 정도면 하와이 곳곳을 관광할 때 아주 유용하게 쓸 수 있다. 그리고 줌 플래시를 사용하여 매력있는 별 사진을 찍을 수도 있으니 여행 준비 시에 하나 장만하도록 하자.

2) 해변

빅아일랜드 가운데는 큰 화산들이 자리하고 있다. 그래서 도시들은 해안선을 따라 발전하기 시작했고, 해안가를 중심으로 총 9개의 행정구역이 자리하고 있다. 이 중 가장 대표적인 행정구역이 바로 '코나(Kona)'와 '힐로(Hilo)'다.

	Kona	Hilo
위치	섬의 북서쪽	섬의 남동쪽
해변 환경	건조하고 바위가 많은 경향	나무가 울창하고 열대성 기후
물 상태	잔잔하고 수영하기에 적합 (물론 코나에도 서퍼들이 좋아할 강력한 파도를 가진 해변도 있음)	바람과 비가 많아서 파도가 거친 경향
모래 색깔	흰색에서 황금빛 갈색에 이르는 밝은 색의 모래가 많음	화산 활동으로 발생한 검은색, 회색, 녹색 모래가 섞여 있어 어두운 경향
편의 시설	관광용으로 많이 개발되어서 안전요원, 화장실, 샤워시설, 음식 판매점 등 편의시설이 많은 편	자연친화적이고 인위적으로 개발되지 않은 경향이 많아 기본적인 편의시설만 있는 편
액티비티	두 지역 모두 수영, 스노클링, 서핑 등 다양한 수상 액티비티가 가능	
	맑은 물과 산호초 덕분에 다이빙하기 좋은 해변이 많음	폭포와 울창한 경관 등을 배경으로 하이킹을 즐길 수 있는 곳이 많음

힐로지역 해변

힐로지역에는 접근성이 좋은 비치들이 많지 않다. 힐로 지역에 있는 비치 중에 하나인 '하에나 비치(Ha'ena Beach, 쉽맨 비치 <shipman beach>라고도 불린다)' 같은 곳은 약 4km의 열대우림과 진흙 뻘을 지나야 만날 수 있다. 그래서 우선 접근성이 좋고 가족 단위로 가기 좋은 비치를 추려서 소개한다.

1. 칼 스미스 비치 파크 (Carlsmith Beach Park)

칼스미스 비치 파크는 힐로 공항 위쪽에 위치한 해변 공원이다. 일반적인 해변은 모래 사장과 바다로 이뤄져 있지만 칼 스미스는 신비로운 느낌을 주는 푸른잔디와 나무들, 그리고 작은 연못으로 이뤄진 공원으로 시작한다. 그 공원을 지나면 바로 모래사장 없이 바다를 만날 수 있는데, 바다의 모양은 내륙쪽으로 바닷물이 깊게 들어온 작은 만 같은 형태를 띄고 있다. 여기서부터 약 70~80미터까지는 파도가 거의 없는 잔잔한 바다라서 스노클링과 해수욕을 즐기기에 적합하다.

하와이의 다른 유명한 지역처럼 해변 이름 앞에 사람 이름이 붙어 있는데, '칼스미스'는 1964년에 토지를 기부한 지역 사업가인 로버트 칼스미스의 이름이다. 이 공원에는 화장실과 샤워실이 있고 지붕이 있는 피크닉 테이블도 있어서 휴일이면 현지인들이 생일 파티 등을 즐기고 있는 모습을 쉽게 볼 수 있다. 해변 바로 뒤에는 현지인들이 사는 작은 아파트가 있으므로, 크게 소리치는 등 소란을 피우지 않도록 유의하자.

칼스미스 비치 파크는 아름다운 해변의 형태와 더불어 푸른 바다거북으로 유명하다. 우리 가족은 맑은 날과 비오는 날 두 차례에 걸쳐 방문했었는데,

칼스미스 비치에는 연못이 있는
공원이 있어 더욱 신비로운 느낌을 준다

해변 바깥쪽에는 큰 파도가 치지만
안쪽에는 이렇게 잔잔해서 스노클링과
수영을 하기에 안전하다

두 날 모두 몇 마리의 바다거북을 볼 수 있었다. 거북이 이외에도 스노클링을 통해 다양한 열대어를 관찰할 수 있으며 파도가 치지 않는 지역을 넘어가면 가끔 돌고래가 방문하기도 하는 해변으로도 유명하다.

해변 바로 뒤에는 작은 주차장이 있는데, 대부분 시간대에 만차이다. 남쪽으로 20미터 정도만 내려가면 공원용 주차장이 크게 있으니 그 쪽을 이용하는 것도 방법이다. 빅아일랜드 대부분의 주차장은 무료이니 참고하자.

칼스미스 비치는 하와이에 있는 동안
두 번을 방문했는데, 두 번 모두 4~5마리의
거북이를 관찰할 수 있었다.

칼스미스 비치에서는 어느 순간 물속에서
거북이가 내 옆을 지나가곤 한다.
고프로 등과 같은 수중영상 촬영 장비를
챙기길 추천한다.

2. 푸날루우 블랙 샌드 비치 (Punalu'u Black Sand Beach)

이 비치의 위치는 빅아일랜드 남쪽 해안 끝이다. 힐로 지역과는 거리가 먼 곳이지만 화산공원의 날씨가 좋지 않거나 했을 때 대안으로 방문하기 좋은 여행지이기 때문에 힐로 지역 여행 시에 참고하도록 하자.

푸날루우 블랙 샌드 비치는 검은 모래와 그 모래 위에 자라고 있는 야자수들 그리고 청록색 바닷물의 극명한 대비가 아름다운 곳이다. 이 해변에 들어서면 가장 먼저 햇빛에 반짝이는 칠흑같은 모래가 눈에 들어온다. 이 검은색의 모래는 용암이 냉각되고 부서져 생긴 결과물인데, 아직 풍화 과정이 충분히 진행되지 않아서 모래의 입자는 다른 해변보다 굵은 편이다. 이 모래사장 위로 초록색의 야자수가 자라고 있는데, 이곳을 배경으로 곳곳에 사진 촬영하는 현지인들을 자주 볼 수 있다.

검은 모래 해변의 길이는 약 360미터로 빅아일랜드 바다 치고는 비교적 긴 편이다. 모래 자체가 검은색이라서 그런지 파도가 치는 곳도 시각적으로 검은 편인데, 그래서인지 이 해변에서는 일광욕, 비치코밍을 즐기는 관광객과 현지인이 많은 편이며 상대적으로 해수욕을 즐기는 사람은 적다.

이 해변에서도 푸른 바다거북을 자주 볼 수 있는데, 독특하게도 거북이들을 위한 보호 구역이 설정되어 있다. 대부분의 빅아일랜드 해변에는 이러한 보호구역 없이 인간과 거북이가 함께 해변을 즐기는데, 이곳에는 푯말과 줄로 사각형의 보호구역을 만들어 놓았다. 이 보호구역 안으로는 사람이 들어갈 수 없으니 사진과 눈으로만 거북이를 관찰하도록 하자.

푸른하늘, 검은모래 그리고 청록색
바닷빛이 극명한 대비를 이루는
푸날루우 블랙 샌드 비치

모래사장쪽 보다는 바다를 보며 우측
화강암 지대에 거북이들이 자주 출몰한다

코나지역 해변

빅아일랜드 서쪽 해변에는 고운 백사장 해수욕장이 연속적으로 위치하고 있다. 그래서 하루에 2~3곳을 방문해서 해수욕을 즐기는 것도 충분히 가능하다. 또한 힐로 지역 동쪽 해변보다 기후 자체가 온화해서 맑은 날씨 확률도 높고 평균 기온도 더 높은 편이다. 해수욕 즐기기엔 딱 좋은 환경이다. 또한 서쪽이라는 지리적 위치 덕분에 멋진 일몰을 볼 수 있기도 하다. 반면 바다거북이를 볼 수 있는 확률은 아무래도 힐로 지역 해변이 더 높으니 참고하자.

하와이의 햇빛은 치명적이다. 태닝을 계획한 경우에는 태닝 오일을 꼭 바르도록 하고, 태닝을 원하지 않는다면 철저히 대비해야 한다. 태닝 오일이나 선스크린을 바르지 않고 햇빛에 노출됐다가는 바로 화상을 입기 십상이다. 가끔 "하와이 해변에서 래쉬가드는 한국 사람만 입는다"라고 놀림을 받기도 하지만 사실 래쉬가드가 가장 효과적인 햇빛 대응책이긴 하다.

너무 한국사람 티내는 것이 싫다면 태닝오일이나 선스크린을 목, 어깨와 등에라도 바를 수 있도록 하자. 특히 아이들의 피부는 성인보다 훨씬 약하기 때문에 어른들이 대비를 잘해야 한다. 하와이 저녁 시간 식당에서는 햇빛 화상(Sun Burn)을 입은 관광객들을 흔히 볼 수 있는데, 순간의 낭만?을 위해서 타는 고통으로 잠을 못 이룰 수도 있다.

참고로 하와이 주에서는 옥시벤존(Oxybenzone)과 옥티노세이드(Octinoxate)가 포함된 선스크린은 법으로 사용을 금지하고 있다. 이 물질들을 산호들의 백화현상을 부추기고 있기 때문에 여행 전에 선스크린의 성분을 확인할 수 있도록 하자.

아이들의 키를 웃도는 파도가 쉽게 치는 곳이다. 수영을 하지 못한다면 구명조끼는 필수로 입어야 한다

1. 하푸나 비치(Hapuna Beach)

하푸나 비치는 행정 구역상 서북쪽에 위치한 '코할라(Kohala)' 지역에 위치한다. 그런데 코나 지역에서도 그리 멀지 않기 때문에 대부분 '코나 해변'에 포함해서 부르기도 한다.

이 해변은 하푸나 비치 주립 레크리에이션 구역의 일부라서 대형 주차장이 있고 화장실, 샤워실, 피크닉 테이블, 안전 요원이 근무하고 있다. 하와이 주에서 관리하는 규모감 있는 비치라는 방증이 되지만 그만큼 사람들이 많이 몰린다는 뜻이기도 하다.

하푸나 해변은 약 800미터에 걸쳐 뻗어 있는데, 빅아일랜드에서 가장 크

리조트가 있는 쪽 해변이 뷰가 더 아름답다.
하지만 이쪽 해변에는 안전요원이 없으니
특별히 유의하자

고 인기 있는 해변이라 할 수 있다. 이 해변은 수영은 물론 부기 보드, 스노클링, 일광욕을 즐기기에 좋다. 겨울철에는 큰 파도가 치기 때문에 서퍼들에게도 인기가 좋은 해변이다. 하푸나 비치는 섬에서 가장 고급스러운 리조트들로 둘러싸여 있다. 원거리에서 온 관광객과 리조트 투숙객들 모두에게 인기가 있음에도 불구하고 해변의 규모가 크기 때문에 보통 붐비지 않는다.

모래사장 뒤쪽에는 나무들과 지붕이 있는 테이블들이 있으니, 이곳에 자리를 잡고 물놀이 중간중간에 그늘에서 휴식을 취할 수 있도록 하자

바다를 바라보며 우측 끝에는 두 개의 리조트와 마주하는 해변이 있는데, 그쪽은 안전 요원이 근무하지 않는 해변이니 아이들과 함께 간다면 중간이나 좌측의 안전요원 근무지 근처에서 물놀이를 하도록 하자.

하푸나 비치 주차장은 무척 넓지만
비수기에도 빈 자리를 찾기 쉽지가
않을 만큼 유명한 곳이다

이 해변에는 히든 스노클링 포인트가 있다. 해변 우측에 있는 리조트 앞으로 계속 걸어가면 리조트 정원으로 올라서는 길이 하나 있다. 거기서 약 100미터 정도 걸어가면 해안선이 육지쪽으로 쑥 들어온 작은 '만'이 있다. 이 만의 둘레는 전부 화강암인데, 이 화강암 라인을 타고 산호들이 많이 살고, 주변에 물고기도 다양하게 서식하고 있다. 가끔 거북이가 이 만으로 올라와 수영을 즐기기도 하니, 수영과 함께 스노클링도 즐겨보도록 하자.

2. 비치 69(Beach 69, Waialea Beach)

비치 69는 와이알레아 비치라고도 불리는데, 이 해변은 하푸나 비치 주립공원에서 차량으로 5분 정도 거리에 위치하지만 하푸나 비치와는 전혀 다른 느낌을 준다. 모래사장의 길이와 넓이 모두 아담하고 모래사장 가까이에는 그늘을 제공해주는 나무들이 위치하고 있어서 여유롭고 한적한 느낌을 원한다면 이곳이 딱이다. 조용한 비치라 그런지 하와이 현지인들에게 인기가 높다.

조용한 비치여도 스노클링 하기에도 적당한 산호지대가 있고, 화장실과 샤워시설 등 있을 것은 다 있다. 주차장도 꽤 넓은 편이며 성수기때는 주차요금을 받기도 한다. 주차장에서 해변까지는 1분 정도 짧게 걸어 들어가야 한다.

'비치 69'라는 이름은 해변 주차 구역 입구를 표시하던 전신주의 번호에서 따온 것이다. 이후 전봇대와 번호는 철거되었지만 그 이름은 그대로 남아 있어 여전히 해변을 지칭할 때 흔히 사용되고 있다. 해변의 공식 명칭이 아니고 현지인이나 관광 당국에서 일반적으로 사용하지 않는 이름이니 참고하자.

비치까지 이어진 길이 아기자기하고
귀여워서 걷는 맛을 준다

비치의 크기가 크지 않아 가족 단위로
조용히 쉬다가기 좋은 풍경을 갖고 있다

3. 매니니오왈리 비치(Manini'owali Beach or Kua Bay)

매니니오왈리 비치는 우리 가족의 원 픽 비치다. 아직도 이 비치를 처음 방문하던 날 주차장에서부터 해변을 바라보는 그 뷰가 뇌리에 박혀 있다. 물론 열대기후의 힐로 해변들만 보다가 코나 지역으로 숙소를 옮기고 처음 본 해변이라 감흥이 더 컸을 수도 있겠지만, 나중에 하푸나 비치를 갔었어도 매니니오왈리 비치가 계속 생각날 정도였다.

우선 해변의 해발고도가 이 비치의 아름다움에 한 몫을 하는데, 주차장에

서 비치쪽으로 걸어가다 보면 해변이 한참 낮은 곳에 위치하고 있다. 높은 곳에서 낮은 곳을 바라보며 걸으니, 산호초로 이뤄진 바다 부분이 유난히 에메랄드 빛으로 빛나고 푸른 하늘의 빛도 더욱 반사되어 눈부신 푸른 빛을 띄게 된다.

그리고 이 비치에서 사진을 찍으면 파도가 유난히 하얗게 찍히는데, 이 부분도 매력적인 요소다.

하와이 마트 어디서나 쉽게 구할 수 있는
부기보드 하나면, 어느 해변에서나 즐겁게
놀 수 있다

매니니오왈리 비치의 파도는 유난히
하얗게 부서지는 특징이 있다

이 돌담에 앉아서 사진을 찍으면
매니니오왈리 비치의 느낌을
가장 잘 담을 수 있다

바다만 넓게 펼쳐진 곳보다는
나무와 돌, 바다 등 자연적인 요소가 많은
곳이 훨씬 아름답게 사진에 비춰진다

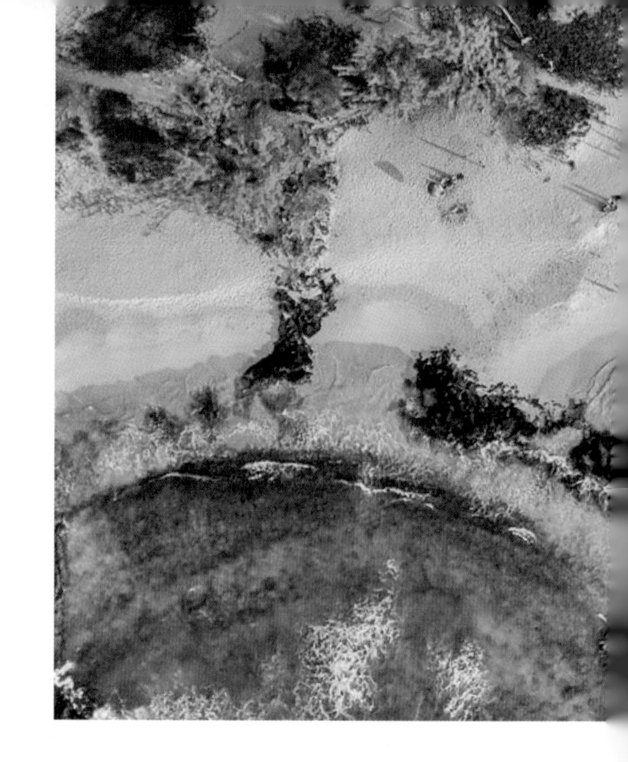

다른 비치들에서는 파도가 치면 그 파도의 세기에 모래가 튀어올라오며 파도 색깔이 누루스름하게 변색이 되는데, 매니니오왈리 비치는 유난히 파도색이 변색되지 않고 하얀색이 오래 지속된다. 아이들이 처음에 이 말을 했을 때는 '에이 설마 그렇겠어'라고 쳐다봤다가, 다른 비치를 가니 확연히 차이가 있는 것을 보았다.

이 해변은 코나 지역 어디에서든 차량으로 쉽게 접근할 수 있다. 해변쪽으로 내려가는 지그재그 길 양갈래로 주차장이 형성되어 있는데, 성수기에는 조금 혼잡하고 평소에는 여유로운 편이다. 주차장 쪽에는 화장실, 샤워실, 피크닉 테이블이 마련되어 있어 당일치기 여행이나 가족 나들이를 하며 즐기기에 좋은 장소다. 그리고 파도가 상당히 강하게 치는 해변이라 부기보드를 타기에 적합하지만 해변의 폭이 넓지 않아서 서핑을 하기에는 조금 무리가 있다.

주차장에서 해변을 내려가기 전 큰 나무가 한 그루 있고, 해변을 따라 낮은 돌담이 형성되어 있다. 해질녘 즈음 이 돌담에 앉아 일몰을 보는 것도 추천한다. 돌담 뒤에서 카메라 구도를 잡을 경우, 피사체의 위치가 태양보다 위가 되고, 태양은 저 멀리 피사체 아래로 지기 때문에 태양빛이 강하지 않고 훨씬 아름다운 빛으로 찍히게 된다. 빅아일랜드의 가장 아름다운 일몰 핫스팟이 마우나케아 선셋힐이라고 하면 이 해변은 두 번째 정도가 되지 않을까 싶다.

마칼라웨나 비치의 항공샷, 둥근 3개의 호가 겹쳐지면서 만들어진 독특한 해변이다

4. 마칼라웨나 비치(Makalawena Beach)

마칼라웨나 비치는 네이버나 구글에 한국어 검색을 해봐도 거의 정보가 없는 해변이다. 해변 자체는 무척 아름답지만 이 해변을 가기 위해서는 케카하 카이 주립공원 주차장에 차를 세워두고 20~30분(2.4km) 정도 하이킹을 하거나 오프로드 전용 자동차로 해변에 접근해야 한다. 이 해변은 한국인들에게 유난히 잘 알려지지 않은 곳이라, 한국어로 된 소개글이 잘 없다. 방문을 원할 경우 구글지도에 'Makalawena Beach'를 검색하고 찾아가도록 하자.

이렇게 접근성이 조금 떨어지기 때문에 이 해변은 언제나 한적한 편이다. 기본적으로 하와이의 깨끗한 백사장, 수정처럼 맑은 바닷물, 그림 같은 풍경을 갖추고 있고 거기다 평화롭고 편안한 경험이 추가된다고 보면 된다. 해변에 도착하면 넓게 펼쳐진 부드러운 백사장과 유난히 짙은 청록색 바닷물을 맞이할 수 있다. 해변은 용암 암석으로 둘러싸여 있어 일반 해변과는 조금 다른 느낌을 준다.

마칼라웨나 해변은 스노클링과 스쿠버 다이빙을 즐기기에 좋은 곳이기도 하다. 인적이 드물다 보니 바다에는 다채로운 물고기가 있고, 바다거북이 자주 놀러오기도 한다. 때로는 돌고래까지 다가오기도 하니, 운이 좋으면 거북이와 돌고래를 한 번에 볼 수도 있다.

그런데 이 해변에는 한 가지 단점이 있다. 바로 화장실과 편의시설이 없다는 것이다. 해변 근처에 상점이나 레스토랑이 없으므로 물, 음식, 자외선 차단제 및 기타 필수품을 빠트리지 않았는지 두 세번 확인하고 갈 수 있도록 하자.

5. 매직 샌드 비치 파크(Magic Sands Beach Park)

매직샌드 비치 파크의 또 다름 이름은 화이트 샌드 비치 혹은 라알로아 비치 파크이다. '매직 샌드'라는 이름은 조수에 따라 모래가 왔다 갔다 하면서 마치 마술처럼 사라졌다가 다시 나타나는 것처럼 보인다고 해여 붙여진 이름이다. 이름에서 유추할 수 있듯이 조수 간만의 차이가 확연히 느껴질 정도로 해변의 폭이 좁은 편이다.

보통의 '비치 파크'는 해변 뒤쪽으로 공원이 펼쳐져 있는데, 매직샌드 비치 파크는 파크와 비치가 횡으로 나란히 연결되어 있다. 파크의 폭도 다른 해변보다는 좁은 편이라 비치에 바로 연결되는 주차장이 없고 도로 하나를 건너면 널찍한 주차장이 위치한다.

이 해변에는 부기보드를 타며 노는 현지인 아이들이 상당히 많은 편이다.

매직샌드 비치는 현지인,
특히 10대~20대 젊은이들이 자주 찾는 해변이다

하와이 해변에서 수많은 부기보더들을
봤지만, 매직샌드 비치가 단연 톱클래스였다

실력도 수준급이어서 파도를 유유히 타며 공중 턴을 하는 등 아이들을 보는 재미도 쏠쏠하다. 그만큼 이 비치가 강한 조류와 강력한 파도가 있다는 뜻이니 아이들을 이 해변에 데려갈 때는 멀리 들어가지 않도록 주의하자.

해변 공원에는 피크닉, 바비큐, 캠핑을 위한 시설도 마련되어 있다. 화장실과 샤워실 그리고 테이블도 이용할 수 있으며 성수기에는 안전 요원까지 근무하게 된다.

6. 카할루우 비치 파크(Kahalu'u Beach Park)

카할루우 비치 파크는 매직샌드 비치에서 조금만 내려가면 만날 수 있는 스노클링 명소다. 이 해변에서는 수영이나 부기보드 등 다른 물놀이에는 적합하지 않고 스노클링만 즐기는 것이 좋다. 왜냐하면 이 해변의 바닥 대부분이 산호라서 자칫 맨발로 산호를 밟을 경우 산호도 사람도 매우 위험해질 수 있기 때문이다. 그야말로 스노클링에 최적화된 해변이라고 말할 수 있다.

이 해변에 사는 물고기들은 대형종은 없고 손바닥에서 팔뚝 길이 정도 크기를 가지고 있다. 해변 전체적으로 파도가 잔잔한 편이라 어린 아이들도 구명조끼만 있다면 혼자서 돌아다닐 수 있다. 다만 수심이 어린아이 키 넘는 곳도 부분부분 있어, 아이들이 거기서 당황하지 않게만 관리를 해주자.

카할루우 비치 파크는 이 지역 환경보호 단체가 산호초 보호 캠페인을 진행하는 장소이기도 하다. 산호초 보호를 위해 관광객들에게 스노클링 중 바닥에 발을 딛고 일어서지 말라는 캠페인을 꾸준히 진행 중이다. 이 단체 회원분들은 스노클링을 위해 방문한 관광객들에게 산호보호의 중요성뿐만 아

카할루우 비치에는 빅아일랜드에서 가장
자연보호 활동이 활발한 단체가 있다

겉으로 봤을 때는 평범한 해변이지만,
이 해변 근처는 거의 대부분이 산호초로
이뤄져 있다

니라 스노클링 코스도 알려주고 물안경 습기 제거제도 뿌려주고 있다. 혹시 방문 시에 이 분들이 보이면 여러 가지 정보와 도움을 받을 수 있도록 하자.

참고로 카할루우는 '비치 파크'이기 때문에 공원에는 화장실, 샤워실, 피크닉 장소 등 방문객을 위한 여러 편의시설이 마련되어 있다. 방문객들이 스낵과 음료를 구입할 수 있는 작은 매점도 있다.

7. 투스텝 비치(Two Step Beach, Honaunau Bay)

투 스텝은 스노클링에 최적화된 작은 바위 해변이다. '투 스텝' 이라는 이름은 해안선에 있는 두 개의 자연적인 바위 계단에서 유래한 것인데, 방문객들은 여기를 통해 물에 들어가고 나갈 수 있다.

투 스텝에서는 하와이 빅아일랜드 해변에서는 흔하지 않은 '옐로탱' 물고기를 많이 볼 수 있으며, 우리나라 '쥐취'와 비슷하게 생긴 하와이 주를 상징하는 '리프 트리거 피쉬(Reef Triggerfish)'도 관찰할 수 있다. 리프 트리거 피쉬는 하와이 어로 Humuhumunukunukuapua'a인데, 지구상 동물 이름 중에 가장 긴 이름이라고 한다.

여름까지는 물이 맑고 잔잔한 편이며 겨울에는 바람이 좀 불고 파도가 있는 편이라 여름이 스노클링에 더 적합하지만, 겨울이라고 해서 체험이 불가능한 정도는 아니다. 대신 해변에는 장비 대여 시설이 없으므로 개인 장비를 꼼꼼히 챙길 수 있도록 하자.

투 스텝은 물고기뿐만 아니라 바다거북도 흔히 볼 수 있고, 스노클링 명소답게 방문객들은 거북이와 함께 수영할 수도 있다. 그리고 조금 먼 바다에는 돌고래도 출몰하기도 하는데, 돌고래 중에서도 큰돌고래가 이 지역을 자주 찾는 것으로 알려져 있다. 해안이나 물속에서 돌고래를 볼 수 있지만 특

투스텝 비치 오른편은 전부 바위로
이뤄져 있고, 사진에 보이지 않는
왼쪽편은 모래로 이뤄져 있기 때문에
어린 아이들의 경우 모래 해변 쪽에서
노는 것이 안전하다

이렇게 생긴 바위에서 그대로 바다로
들어가야해서, 초등학교 저학년 정도 되는
아이들에게는 조금 위험하다

투스텝 비치에서 가장 흔하게 볼 수 있는 옐로탱 물고기

히 물 속에서 돌고래를 만났다면 돌고래에게 충분한 공간을 제공하고 자연 서식지를 방해하지 않도록 주의해야 한다.

'투 스텝'이 있는 스노클링 장소는 물이 깊어서 미취학 아동인 경우나 초등학생이라도 수영을 전혀 못할 경우 겁을 먹을 수 있다. 이 경우에는 포기하지 말고 해변 좌측에 있는 수심이 아주 낮은 해변에서 스노클링을 할 수 있도록 하자. 해안 바위 쪽까지 천천히 걸어나가거나 구명조끼에 의지해서 물에 떠서 갈 경우 상대적으로 작은 옐로탱들을 많이 관찰할 수 있어, 스노클링을 훈련하기에 알맞은 환경이다.

3) 빅아일랜드 산, 계곡

빅아일랜드에서 가장 유명한 산이라고 하면 당연히 마우나로아와 킬라우에아 화산일 것이다. 하지만 활화산이 아닌데도 그에 못지않게 유명한 산과 계곡이 있다. 하와이에서 가장 높은 산인 마우나케아와 '왕들의 계곡'이라고 불리는 와이피오 계곡 그리고 열대 식물로 둘러싸인 아카카폭포 주립 공원이다.

1. 마우나케아(Mauna Kea)

마우나케아는 휴화산이며 높이는 4,207미터로 하와이에서 가장 높은 산이다. 하와이의 산들은 이름이 '마우나'로 시작하는 경우가 많은데 뜻은 단순히 '산'이다. '마우나케아'는 '마우나 아 와케아'의 줄임말인데, '와케아'는 하와이 신화에 나오는 하늘의 신의 이름이다. 하와이에서 가장 큰 산인만큼 이름도 하늘신의 산으로 명명된 것 같다.

마우나케아는 문화적 의미 외에도 세계적으로 유명한 천문 관측 장소이기도 하다. 이 산에는 켁(Keck) 천문대와 스바루 망원경 등 세계에서 가장 기술적으로 완성된 망원경과 천문대가 있다. 마우나케아는 기후가 건조한 편이고 하늘이 맑아서 별을 관찰하기 최적의 장소이다. 그래서 관광객들은 별을 관찰하거나 빅아일랜드의 일몰을 관찰하기 위해 이 산을 방문한다.

그런데 관광객이 천문대까지 운전해서 가려면 부수적인 조건을 충족해야 한다. 마우나케아 정상은 온도가 영하로 떨어지는 경우도 많아서 눈이 오는 경우가 있고, 땅이 얼어 있는 경우도 많다. 그래서 하와이 주에서는 천문대에 갈 수 있는 차량의 종류를 '상시 사륜 구동(AWD, All-time 4 Wheel Drive)'으로

비지터 센터 건너편에서 좌측 언덕으로
올라가면 일몰을 볼 수 있는 '선셋 힐'이 있다

비지터센터에서 판매하는
우주인용 아이스크림은
둘째 아이가 유난히 좋아했다

제한해 놓았다. 따라서, 천문대까지 올라가서 일몰을 보려면 렌트할 때 상시 사륜 구동 차량을 빌려야 한다.

천문대에서는 해가 지면 더 이상 머무를 수 없다. 그래서 천문대에서 일몰을 관찰하고, 그 이후에는 방문자센터로 내려와서 별을 관찰해야 한다. 방문자 센터에서는 기념품들과 우주인용 아이스크림 같은 간단한 먹거리를 판매하기도 하니 별 관찰을 기다리는 시간에 둘러볼 수 있도록 하자.

마우나케아의 밤은 엄청나게 춥다. 온도로 따지면 영하로 떨어지는 경우가 많은 정도다. 두꺼운 패딩 점퍼를 입으면 가장 좋긴 하지만 짐이 많을 경우 점퍼가 부담이 되기도 한다. 이 때는 경량 패딩을 챙기는 대신 목도리나 장갑 등 부피를 차지하지 않으면서도 방한을 할 수 있는 용품들을 챙기는 것도 하나의 방법이다.

화산공원쪽에서 흐르는 라바 때문에
남쪽 하늘이 온통 붉은 색을 띄고
있었지만 은하수가 선명하게 보였던
마우나케아 비지터센터

아이들과 같이 갈 경우 가장 조심해야 할 점은 '고산병'이다. 해발고도가 너무 높기 때문에 어른조차도 몸에 힘이 없고, 숨이 차며 두통에 시달리기도 한다. 방문자센터에서도 일몰을 볼 수 있는데, 일몰을 보기 위해서는 '선셋 힐'이라고 불리는 언덕 위로 올라가야 한다. 그런데 별로 크지도 않은 이 언덕을 올라가는데 엄청나게 숨이 차고 발이 무겁다. 이런 느낌이 심해지면 고산병을 의심해야 하는데, 아이들의 경우 토를 하거나 두통이 심해져 더 이상 관광을 할 수 없을 수도 있다. 방문자센터부터는 움직일 때 평소보다 조심스럽게 천천히 움직여서 몸에 무리가 가지 않도록 하자.

직접 렌트해서 천문대를 방문하는 것이 부담스러울 경우 투어 프로그램에 참여하는 방법도 있다. 많은 여행사들이 일몰과 별관찰을 할 수 있는 프로그램들을 운영한다. 투어 업체마다 상이하지만 겨울용 외투를 빌려주는 곳도 있기 때문에 가능하면 외투 주는 곳으로 예약하는 것이 짐을 덜 수 있는 방법이다.

2. 와이피오 계곡 전망대 (Waipi'o Valley Lookout)

와이피오 계곡은 빅아일랜드 북쪽 해안에 있다. 와이피오 계곡에 직접 내려가서 깎아지는 절벽 등을 관람할 수도 있는데, 마우나케아 천문대와 마찬가지로 사륜구동 차량만 접근을 허락하거나 위험도가 높을 경우 접근 자체를 금지하기도 한다. 아이들과 함께 여행하는 경우라면 안전하게 와이피오 룩아웃(전망대)에서 계곡을 감상하는 것을 추천한다.

와이피오 계곡은 고대 하와이 왕족이 거주했던 곳이라고 해서 종종 '왕들의 계곡'이라고도 불린다. 계곡은 600미터 높이의 우뚝 솟은 절벽으로 둘러싸여 있는데 계곡 안쪽으로는 장대한 폭포가 흐르고 있다. 그런데 아쉽게도 직접 가지 않고 전망대에서 관람을 한다면 이 폭포를 볼 수는 없다. 계곡 아래쪽에는 검은 모래 해변이 펼쳐져 있고 더 안쪽 바닥은 비옥한 토양으로 덮여 있다. 하와이 현지인들은 이곳에서 주식인 타로를 재배한다.

와이피오 전망대(룩아웃) 주차장은 좁은 편이다. 하지만 관광 시간 자체가 그리 긴 곳은 아니라서 주차장 자리가 없을 경우 조금만 기다려도 빈 자리를 확보할 수 있다. 전망대에는 화장실과 피크닉테이블도 있다. 피크닉테이블에 앉으면 편안하게 와이피오 계곡을 볼 수 있는데, 이곳에서 간단한 간식을 먹으며 망중한을 느끼기에 딱 좋으니 참고하자.

와이피오 계곡 전망대에는 피크닉 테이블이 설치되어 있어서, 이곳에서 라면이나 스낵을 먹기 딱 좋다

저 멀리 바다 건너 보이는 산이
'와이피오 계곡'인데, 직접 방문하려면
4륜구동 차를 끌고 오프로드를 달려야 한다

WAIPI'O
LOOKOUT
DEPARTMENT OF PARKS & RECREATION
COUNTY OF HAWAI'I

3. 아카카폭포 주립공원(Akaka Falls State Park)

아카카 폭포는 빅아일랜드 북동쪽 해안, 호노무 마을 근처에 위치한 폭포이다. 국토에 산이 많은 한국인들에게는 이 폭포가 인상적이지 않을 수도 있다. 다만, 이 폭포를 보러 가는 이유는 그 주변 전체가 '아카카폭포 주립 공원'으로 지정되어 있을 만큼 풍경이 아름답기 때문이다.

아카카 폭포로 가는 트레일에는 대나무 숲이 있고, 여러 개의 작은 폭포도 있다. 전체적으로 무성한 열대 식물로 둘러싸인 깊은 협곡이지만 트레일의 편도 길이는 약 1km가 조금 안 되는 짧은 거리다. 짧은 거리를 걸으면서 주립공원의 다양한 식물들을 관찰할 수 있는 장점이 있다.

이 공원에는 앞서 말한 대나무 이외에도 난초, 양치류 등 다양한 하와이 토종 식물도 서식하고 있다. 그리고 하와이 매, 아파파네, 이위와 같은 하와이 토종 조류 종도 살고 있기 때문에 평소에는 보지 못한 희귀한 새들의 모습을 발견할 수도 있다.

★ 쿠키 정보

새들 로드는 하와이 빅아일랜드를 가로지르는 고속도로로, 섬의 동쪽과 서쪽을 연결한다. 공식적으로는 <하와이 루트 200>이라는 이름인데, 동해안의 힐로 시에서 서해안의 와이메아 마을까지 약 53마일(85km)에 걸쳐 이어진다.

'새들(saddle, 안장)'이라는 이름은 이 도로가 마우나케아 화산과 마우나로아 화산 사이를 마치 말의 '안장'처럼 가로지르기 때문에 붙여진 이름이다. 힐로에서부터 이 도로를 타면 해발 2,012미터까지 올라갔다가 내려올 수 있고, 용암 지대, 숲, 산 등 멋진 풍경을 감상할 수 있다.

이 도로는 산 사이를 가로지르는 도로이기 때문에 밤에 교통량이 급격히 줄어든다. 그래서 힐로 쪽이든 코나 쪽이든 야간에 조금만 새들로드를 이용하면 인적이 드문 산길을 만날 수가 있다. 위험하지 않게 넓은 갓길을 찾아서 주차를 하고 별자리 앱으로 은하수를 찾아 별 사진을 찍기에 최적의 장소인 것이다.

가끔 차량이 지나가도 그 나름대로 헤드라이트와 차량 미등의 궤적도 같이 찍을 수 있어서 더욱 멋있는 사진을 촬영할 수가 있다. 안전을 최우선으로 하면서 새들로드에서 멋진 별사진을 촬영해보도록 하자.

4) 빅아일랜드 먹거리, 쇼핑

코로나 이후에 모든 관광지들에 관광객이 몰리고 있지만, 유난히 관광 수요가 급증하고 있는 곳이 하와이다. 미국내에서도 물가가 높기로 유명한 곳이지만, 최근 몇 년 관광객이 평소보다 더 몰리면서 하와이의 물가는 살인적이다. 수요가 많으면 서비스 질이 낮아지긴 마련, 하와이에서도 맛집이라고 찾아가보면 불친절함과 저품질의 음식에 기분이 상하기도 한다. 그런데 언제나 옥석은 있기 마련, 만족도가 높았던 먹거리와 쇼핑거리를 소개한다.

1. 다 포케 쉑(Da Poke Shack)

하와이 전통 음식 중 가장 유명한 것이 있다면 바로 '포케'일 것이다. '포케'는 우리로 치면 '생참치 무침'정도에 해당하는데, 일단 냉동이 아닌 생물 참치의 뱃살을 신선하게 먹을 수 있다는 점만 따져도 충분히 매력이 있다. 다만 우리가 흔히 고급 부위라고 인식하는 대뱃살, 뱃살 등 부위는 사용하지 않고 붉은 순살 부분을 주로 사용한다.

뱃살을 큐브처럼 깍뚝썰기를 해서 참개소스나 간장소스에 비벼서 밥이랑 같이 먹는 것이 '포케'다. 단순해 보이는 이 포케도 파는 곳마다 맛이 천차 만별인데, 빅아일랜드에는 하와이 카일루아 코나에 있는 다 포케 쉑이 이 분야 톱이다. 바닷가 해변도로를 끼고 있는 이 작은 레스토랑은 2010년에 문을 연 이래로 마니아층을 형성하고 있었는데, 최근에 고든램지가 방문하여 맛을 인정하면서 세계적으로 유명해져 버렸다. 그래서 오후 3시에 문을 닫지만 재료가 다 떨어져서 그 전에 문을 닫는 일이 비일비재하니, 되도록이면 일찍 방문하는 것이 좋다.

4~5평 남짓한 작은 가게에는 전 세계에서 온 관광객들이 포케를 사려고 줄을 선다

포케 플레이트 한 접시 양은 꽤 많아서 1인이 먹기에는 조금 벅차다

추천하는 소스는 '하와이 오리지널'인데, 다른 소스들은 맛이 좀 약하고 밍밍한데, 하와이 오리지널은 조금 진한 간장에 조미료를 섞은 맛이라 누구에게나 잘 맞는 맛이다. 대부분 테이크 아웃을 하는데, 가게 앞에는 피크닉 테이블이 2개 정도 있어서 많은 관광객들이 여기서 옹기종기 모여서 먹기도 한다. 포케 가격은 무척 비싼 편인데, 일회용 도시락 한 통에 포케 4스푼, 밥 2스푼, 야채 2스푼을 섞어서 약 35달러에 판매한다.

넓은 주차장 가운데 위치한
'바식', 1층은 서퍼용품 가게이고
2층에서 아사이볼을 판매한다

2. 바식(Basik)

바식 아사이(Basik Açaí)는 하와이에 본사를 둔 서핑 관련 라이프스타일 브랜드이다. 그런데 이 브랜드에서 아사이 보울과 스무디를 파는 음식점도 같이 하고 있다. 아사이 보울은 캘리포니아, 플로리다와 같은 따듯한 지역 사람들이 즐겨 먹는데, 하와이도 예외는 아니다. 하와이 곳곳에서는 아사이 보울을 파는 곳을 쉽게 찾아볼 수 있는데, 빅아일랜드에서는 이곳 '바식 아사이'가 맛이 좋기로 유명하다.

바식 아사이 보울과 스무디는 특히 서퍼들 사이에서 인기가 많다. 아사이베리 뿐만 아니라 바나나, 딸기 등 아사이 보울에 들어가는 재료가 엄청 신선하다. 인기가 좋으니 재료 회전율도 좋고 그래서 계속 신선한 재료들로 판매를 할 수 있다. 하와이 사람들이 즐기는 아사이 보울을 먹고 싶다면 바식 아사이를 추천한다.

사진으로 보기에도 과일들이 아주 신선해 보인다.
재고 회전율이 좋기 때문에 더욱 신선한 과일들이 매일 공급된다

하와이 파머스 마켓은
대형 주차장을 끼고 둘레를
가득 채운 상점들이 특징이다

3. 파머스마켓(Farmer's Market)

빅아일랜드에는 신선한 농산물과 현지에서 만든 상품을 판매하는 여러 파머스 마켓이 있다. 그 중에서 가장 규모가 크고 유명한 것은 '힐로 파머스 마켓'이다. 마켓은 휴일없이 매일 열리는데, 특히 수요일과 토요일에는 참여하는 노점 수가 200개 이상이 될 만큼 성대하다.

코나 지역에는 여러 파머스 마켓이 열린다. 그런데 요일마다 열리는 마켓이 달라서 반드시 구글 지도 검색을 미리 해보고 방문해야 한다. 코나 쪽의 파머스 마켓은 규모가 비슷비슷해서 특별히 어디가 좋고 나쁘고 하는 것은 없다.

원주민들이 직접 만드는 수공예품들을 저렴하게 구매할 수 있다

과일가게 아저씨에게 부탁하면 코코넛 과육을 칼로 도려내서 맛보게 해준다

파머스 마켓에서는 현지에서 재배한 농산물을 구할 수 있기 때문에 더 신선하고 가격이 저렴하다. 아이들이 좋아하는 꽃모양 팔지 같은 장신구도 ABC마트보다 파머스마켓에서 훨씬 저렴하게 구매할 수 있다. 그렇다고 농산물 모두가 저렴한 것은 아니다. 대량생산하는 것들은 아무래도 코스트코나 월마트에서 저렴하게 구할 수 있다. 그래서 현장에서 바로 껍질을 쳐내고 마실 수 있는 코코넛이나 하와이 자색 고구마 '우알라'같은 것들을 맛보는 것이 파머스마켓의 장점을 최대한 즐기는 방법이다.

파머스 마켓에서 코코넛을 맛본다면, 꼭 과육(meat)도 달라고 요청하자. 그러면 코코넛 속살을 파내서 봉지에 담아준다. 식감은 버섯처럼 약간 말캉한데, 한 입에 넣고 씹으면 아주 진한 코코넛 향이 입안 가득 퍼지며 코코넛 워터와는 다른 새로운 느낌을 받을 수 있다.

6일 추천 코스

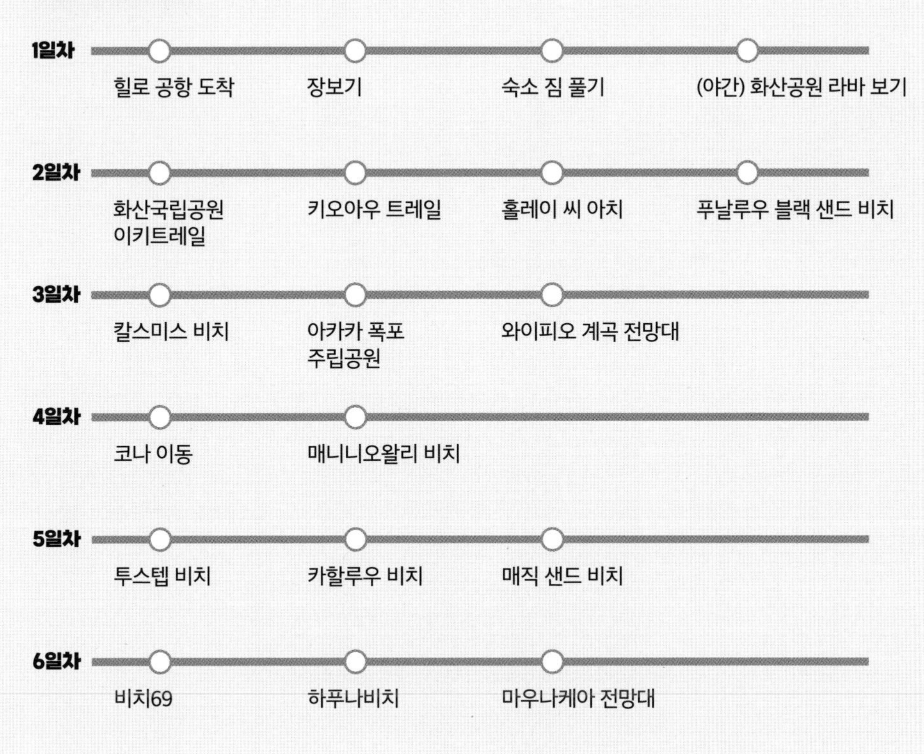

3일 추천 코스

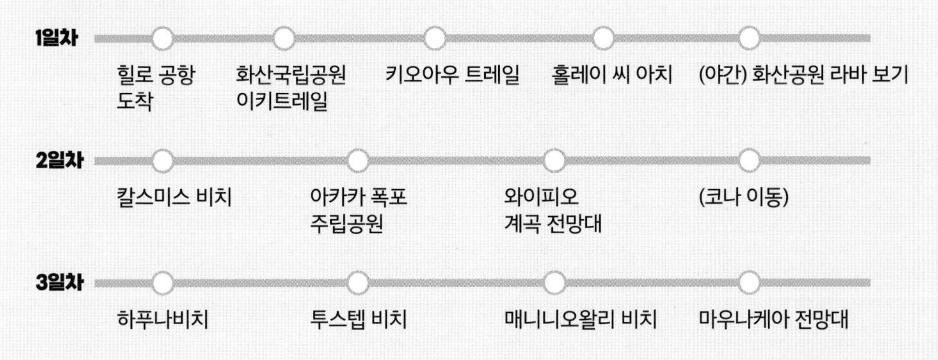

Oahu

오아후

TROLLEY
STOP

오아후(Oahu)

오아후와 빅아일랜드의 해변들은 '세계에서 가장 아름다운 해변'을 선정할 때 마다 반드시 포함된다. 두 섬은 '하와이'라는 단어에 함께 포함된 섬들이지만 오아후는 빅아일랜드보다 300만년이나 더 일찍 생긴 섬이라서 양 섬의 생태계는 물론 바다의 모습도 조금씩 차이가 난다.

지금은 지반이 상대적으로 안정된 오하우도 300만년 전에는 활화산이 많았다. 유명한 관광지인 다이아몬드헤드를 포함하여 오아후 대부분의 산이 활화산이었다. 그런데 수백만년 동안 화산 활동이 멈추면서 이제 오아후 전체는 공식적으로 휴화산만 존재한다. 이제 그 휴화산들 옆에는 시가지가 들어섰고 사람들이 자유롭게 왕래하는 유명한 관광지다.

오아후 섬의 크기는 빅아일랜드의 1/7 정도다. 이렇게 작은 오아후지만, 이 섬에 하와이 인구의 대다수가 거주하고 있을 정도로 인구 밀도가 높다. 그리고 전 세계에서 온 관광객들이 섞여 유명 관광지에는 사람들이 많은 편이고 출퇴근 시간에는 심각한 교통체증을 겪기도 한다.

빅아일랜드에는 울창한 열대우림부터 황량한 용암 지대에 이르기까지 다양하고 극적인 풍경이 있다. 반면 오아후는 극적이진 않지만 상대적으로 더 부드러운 뷰의 관광지를 많이 갖고 있다. 하와이의 상징이라 할 수 있는 아름다운 와이키키 해변, 누우아누 팔리 같은 푸른 계곡, 거대한 파도로 유명한 노스 쇼어 해변 등 크지 않은 섬이지만 다양한 자연 명소가 있다.

1) 비치/스노클링

해변들이 엄청나게 많은 하와이이지만, 해변별로 특색들도 가지각색이어서 어느 해변에서 어떤 것들을 할지 미리 정해 놓지 않으면 하와이의 해변을 제대로 즐길 수 없다. 오아후의 해변들도 마찬가지이니, 적어도 해변들을 방문하기 전에는 해당 해변이 어떤 특징을 갖고 있는지 미리 알아보고 제대로 즐길 수 있도록 하자.

오아후의 해변은 크게 북쪽과 남쪽으로 나눌 수 있고, 서쪽과 동쪽은 상대적으로 유명한 해변들이 적다. 그래서 일차적으로 북쪽 해변과 남쪽 해변을 나누었고, 남쪽 해변은 다시 남서(호놀룰루 일대)쪽과 남동(카일루아 일대)쪽으로 나눠서 소개를 하였다. 스노클링 명소들은 별도로 묶어서 따로 설명하였으니 참고하도록 하자.

특히 오아후의 남쪽에는 유명한 해수욕장이 많다. 섬 남쪽을 둘러가며 해변들이 붙어 있지만 해변들마다 특색이 뚜렷한 편이다. 남쪽 해변들은 72번 도로로 쭉 이어져있는데, 시간이 없을 경우 이 도로를 타고 해변 도로를 드라이브하면서 경치를 구경해도 환상적인 뷰를 경험할 수 있다. 시간이 여유롭다면 하루에 다 돌려고 하지 말고 남서쪽과 남동쪽을 나눠서 방문하는 것을 추천한다.

사우스-웨스트 쇼어(South-west Shore) 비치

남서쪽 해안가 중심에는 하와이의 가장 번화한 도시 '호놀룰루'가 있다. 그리고 '하와이'하면 떠오르는 가장 유명한 비치 '와이키키'도 이 지역에 있다. 하와이의 현지인은 물론 관광객도 가장 많이 몰리는 지역이어서 인구 유동량이 엄청나다. 출퇴근 시간에는 심각한 교통체증을 겪기도 해서 남쪽 해변들을 구경하려면 출퇴근 시간대는 꼭 피하는 것이 좋다.

1. 힐튼라군(Hilton Lagoon), 카하나모쿠 비치(Kahanamoku Beach)

'라군'은 원래 산호가 죽어서 에메랄드 빛을 내는 바다를 말한다. 원래 자연적으로 만들어지지만 힐튼 라군은 인공으로 만든 바닷물 호수다. 1956년에 이 인공 호수가 만들어졌고, 그 이후에 호텔 경영자 '콘래드 힐튼(Conrad Hilton)'이 매입하여 하와이 정부와 힐튼이 공동 운영을 하고 있는 호수다.

힐튼 라군은 진한 에메랄드 빛을 띄고 있는데, 너무 진해서 가까이서 보더라도 물이 살짝 불투명한 정도이다. 라군 속에는 작은 바다 물고기들이 살고 있고, 얕은 곳에서는 물고기들이 오가는 모습을 볼 수 있지만 그렇다고 해서 수경을 끼고 들어가서 스노클링하기에 적합한 곳은 아니다. 그러기엔 물빛이 탁한 편이라 물고기들을 제대로 관찰할 수 없다.

힐튼라군의 잔잔한 물속에서 바깥 배경으로
사진을 찍으면 다이아몬드힐과 야자수 그리고
모래사장을 배경으로 평화로운 사진을 얻을 수 있다

힐튼 라군은 파도가 전혀 없고,
둥근 해안선이라 더욱 평화로운 느낌을 준다

힐튼라군과 바로 연결된 카하나모쿠 비치, 해변 뒤쪽은 호텔들이 운영하는 바(bar)로 바로 연결되어 있고, 파라솔을 유료료 대여할 수도 있다

스노클링을 포기하더라도 이 라군은 두 가지 강력한 장점을 갖고 있다. 바로 접근성과 안전함이다. 이 라군은 호놀룰루 중심부에 위치하고 있고, 와이키키 해변과도 걸어서 15분 내 거리에 위치한다. 라군에서 물놀이를 즐기다가 근처 카페나 음식점으로의 접근이 굉장히 편리하다. 또한 호텔 투숙객에게만 오픈되어 있는 것이 아니라 누구나 이 라군에서 물놀이를 즐길 수 있다.

그리고 바닷물이 들어간 호수이기 때문에 파도가 치지 않는다. 호수 중심 쪽으로 아주 완만하게 깊어지기 때문에 내가 서있는 곳이 어느 깊이인지 충

분히 인지하면서 물놀이를 할 수 있다. 즉, 갑자기 깊어져서 물에 빠지는 위험한 상황이 거의 생기지 않는 환경이다. 때문에 아이를 동반한 가족 단위 여행객들에게 아주 인기있는 라군이며, 잔잔하고 얕은 물은 수영, 물놀이, 수상 액티비티를 즐기기에 완벽하다고 할 수 있다.

잔잔한 라군이지만 라군 내에서는 생각보다 다양한 수상 액티비티를 즐길 수 있다. 패들보드, 카약, 페달 보트를 대여하고 있기 때문에 라군의 잔잔한 바다에서 수상 스포츠를 안전하게 체험할 수 있다. 또한 매주 금요일 밤이

되면 라군을 중심으로 힐튼호텔 측에서 불꽃놀이 쇼를 진행한다. 하와이의 환상적인 날씨에 아름다운 호수를 배경으로 펼쳐지는 불꽃놀이 쇼는 일부러 시간을 내서라도 반드시 볼 것을 추천한다.

잔잔한 바다가 지루하게 느껴진다면, 라군과 불과 20미터 정도 거리에 있는 카하나모쿠 비치에서 파도가 치는 바다를 즐길 수 있다. 카하나모쿠 비치는 오아후 남쪽 해변 중에서도 가장 위쪽에 위치한 해변들 중 하나다. 카하나모쿠 비치는 파도가 치는 바다이지만 파도가 상당히 완만하기 때문에 서핑을 하기에는 적합하지 않고, 초등학생 정도의 어린 아이들이 물놀이를 하기에 적합하다.

이 해수욕장은 해변을 끼고 늘어선 호텔들의 투숙객들이 자주 찾고, 물놀

이 보다는 태닝을 목적으로 해변을 찾는 사람들이 많다. 해변 뒤로는 호텔들의 바와 음식점들이 위치하고 있어 음악소리와 함께 항상 시끌벅적한 분위기를 자아낸다.

오아후 남쪽에 위치하지만 서쪽 방향을 바라보며 해변이 형성되어 있기 때문에 일몰을 보기에도 용이하다. 바에서 간단한 음료를 주문하고 태평양 너머로 지는 일몰의 숨막히는 광경을 감상하면 '하와이에서 내가 여행을 하고 있구나'하고 실감할 수 있다. 일몰을 배경으로 저녁 산책이나 로맨틱한 순간을 보내기 좋은 장소이다.

카하나모쿠 비치는 좀 더 북적한 느낌이라면
포트 드루시 비치는 여유롭고 한적한 느낌이다

2. 포트 드루시 비치(Fort Derussy Beach)

미국의 주요 군부대 시설에는 '포트(Fort, 부대)'라는 단어가 앞에 붙는데, '포트 드루시'역시 하와이에 있는 미군 관련 시설 중 하나이다. 포트 드루시는 제2차 세계대전 당시 하와이를 방어하는 해안가 포대 기지였으며, 현재는 고대 및 현대 군사 유물을 전시하는 박물관으로 하와이의 군사 역사를 기념하고 있다. 그래서 포트 드루시 해변과 바로 맞닿아 포트 드루시 해변 공원

(Fort Derussy Beach Park)이 넓게 조성되어 있고, 이 공원 안에 하와이 군사 박물관(Hawaii Army Museum)이 위치하고 있다.

포트 드루시 비치 자체는 군사적인 느낌을 전혀 갖지 않으며 다만 카하나모쿠비치와 바로 연결된 넓고 조용한 해변이다. 긴 해변을 따라 카하나모쿠 비치와 포트 드루시 비치는 바로 붙어 있는데, 그럼에도 불구하고 두 해변은 분위기가 사뭇 다르다.

카하나모쿠 비치는 바로 뒤가 호텔들의 수영장과 바들이 위치하여서 다소 번잡한 분위기를 주지만, 포트 드루시 비치는 바로 뒤가 해변공원이어서 좀 더 고요하고 평온한 환경을 제공한다. 와이키키 주변 해변 중에서는 가장 인파가 덜 몰리고 조용하다고 할 수 있다.

포트 드루시 해변에서는 무성한 녹지와 야자수로 둘러싸여 있어 아름다운 열대 풍경을 볼 수 있다. 오아후의 다른 바다들보다 상대적으로 잔잔한 바다는 수영과 물놀이를 즐기기에 좋고, 모래사장도 넓은 편이라 일광욕이나 여유로운 산책을 즐기기에도 좋다.

와이키키와는 직접 연결되어 있지 않지만, 와이키키 상권에 바로 인접해 있어 쇼핑과 식사 등도 편리하게 이용할 수 있다. 여행자 관점에서 보자면, 포트 드루시 해변에서 상대적으로 여유롭게 시간을 보낸 뒤, 와이키키 상권에서 식사, 쇼핑, 길거리 공연 등을 보기에 적합한 해변이라 할 수 있다.

3. 와이키키 해변(Waikiki Beach)

와이키키 해변은 하와이에서 가장 상징적인 해변이다. 우리가 흔히 생각하는 하와이 해변은 '긴 해변에 가루처럼 고운 백사장, 맑은 청록색 바다를 배경으로 흔들리는 야자수'인데, 의외로 하와이의 해변들은 대부분 이런 모습들을 하고 있다. 그렇다면 와이키키 해변이 이렇게 상징적인 해변이 된 이유는 무엇일까?

와이키키 해변은 그 길이가 약 3.2km에 걸쳐 뻗어 있으며 야자수는 해변을 따라 일렬로 심어져 있다. 야자수가 해변 가장자리로 심어져 있어, 백사장 자체가 넓어서 많은 관광객을 수용할 수 있다. 파도는 다른 해변과 비교하면 그렇게 심하지 않은 편이라 초급-중급 서퍼들이 선호하는 편이다. 그래서 가족단위 여행객들이 와이키키 주변 호텔에 숙박하며 서핑을 배우고, 일광욕과 물놀이를 즐기기에 금상첨화다.

와이키키 해변은 서핑 외에도 다양한 수상 액티비티를 즐길 수 있는 곳이다. 패들보드, 카누뿐만 아니라 스노클링도 가능하며 조금 더 특별하게 카타마란 크루즈 같은 요트 체험을 해볼 수도 있다. 카타마란 요트는 카약 두 개를 연결해 놓은 것 같은 형태를 의미하는데, 이 요트를 타고 와이키키의 선셋을 볼 수 있다. 미리 예약하고 가면 좋겠지만 현장에서 직접 결제하고 탑승할 수도 있다. 가격은 인당 110불 정도 내외로 많이 비싼 편은 아니며 검색창에 '오아후 선셋 크루즈 투어'라고 치면 여러 업체가 나오니 맘에 드는 곳을 고르면 된다.

와이키키해변 입구의 상징적인
듀크 카하나모쿠 동상,
일단 기념사진을 찍고 시작하자

다른 해변과는 달리 와이키키에는
아름다운 요트도 많은 편이다

NA HOKU II

와이키키해변에 위치한 '핑크 호텔' 내부도 구경해보자. 구경할 것이 많은 호텔이다

와이키키 해변이 유명한 또 다른 이유는 해변 주위가 편리하고 고급스런 상권으로 둘러 쌓여 있다는 점이다. 주요 도로인 칼라카우아 애비뉴(Kalakaua Ave)를 따라 유명 호텔들이 들어서 있으며 명품 브랜드들이 눈을 즐겁게 해준다. 호텔 상권에 입점해 있는 패션 브랜드들도 하와이에서만 살 수 있는 리미티드 에디션들을 선보이며 관광객들을 더 끌어 모은다.

하와이에서만 구매할 수 있는 '태닝한 스누피' 의류를 파는 '모니'

많은 돈을 쓰지 않아도 와이키키의 화려한 분위기를 충분히 즐길 수 있다. 유명 호텔들은 하와이 전통 공연 등을 무료로 제공하고 있고 퀄리티도 상당히 높다. 파인애플 모양의 유명한 고급 쿠키 체인점인 '호놀룰루 쿠키'에서는 처음 방문하는 고객에게 시식을 위한 무료 쿠키도 제공하니, 돌아다니면서 잠깐 들러 쿠키 맛을 보고 선물용 쿠키를 쇼핑하기에도 좋다.

태닝한 스누피를 모델로 하는 의류점인 '모니 모아나(Moni Moana)'도 관광객들 사이에서 유명한 곳이다. 스누피는 원래 흰색이지만, 하와이에 온 스누피는 까맣게 피부가 탔을 거라는 상상으로 캐릭터를 꾸몄다. 여러 장을 구매하면 할인 폭이 크니, 기념으로 가족용 티셔츠를 구매해봐도 좋다. 전설적인 하와이 서퍼이자 올림픽 수영 선수를 기리는 유명한 카하나모쿠 공작(Duke Kahanamoku) 동상을 방문하는 것도 놓치지 말자.

와이알레비치 파크에는 현지인들이 애견산책, 휴식을 위해 자주 들르는 곳이다

4. 와이알레 해변 공원(Waialae Beach Park)

와이알레 비치 파크는 호놀룰루 시내에서 동쪽으로 약 10km 떨어진 섬의 남동쪽 해안에 위치하고 있다. 이 공원은 큰 골프장을 끼고 있기 때문에 주변이 무척 조용한 편이다. 그래서 해양스포츠를 등의 액티비티를 하기 보다는 상대적으로 휴식과 일광욕을 즐기기에 적당한 해변이다.

<비치 파크>이니만큼 주차장도 넓고 해변가에는 나무그늘 아래 테이블과 바비큐 그릴을 갖춘 피크닉 공간이 여러 곳 잘 마련되어 있다. 해변 공원 자체가 오아후 섬 남서쪽 끝에 위치하기 때문에 멋진 일몰도 관찰할 수 있어,

가족과 친구들이 모여 피크닉을 즐기며 해안 경치를 감상하기에 완벽한 장소이다.

이 공원을 끼고 있는 골프장은 PGA 투어 대회 <소니 오픈>을 개최하는 것으로 유명한 와이알레 컨트리 클럽이다. 회원제 골프장이라서 주변에 이용객으로 북적이지는 않아서 해변 유동인구까지 영향을 미치지 않는다. 그래서인지 와이알레 비치 파크는 좀 더 여유롭고 한적한 느낌을 준다.

카할라 힐튼 비치는 접근성이 좋지 않아
이 근처에서 가장 한적한 해변이다

5. 카할라 비치(Kahala Beach)/
카할라 힐튼 비치(Kahala Hilton Beach)

카할라 비치는 와이알레 해변 공원과 연결되는 해변이다. 그런데 와이알레 해변 공원과는 눈에 보기에도 상당히 다른 뷰를 갖고 있다. 하와이의 다른

해변과 마찬가지로 백사장은 무척 깨끗하고 바닷물도 에메랄드 빛이지만, 이 해변은 야자수와 초록색 잔디가 어우러지는 경치가 유독 이쁘다.

야자수의 개체수가 절대 많은 편이 아니지만, 꼭 있어야 할 곳에 야자수가 있는 느낌을 준다. 흔히 말하는 여백의 미를 느껴볼 수 있는 해변이다. 작은 규모의 고급 아파트 단지가 해변에 붙어 있지만, 뷰를 해치지 않을 정도로 잘 어우러져있다. 물놀이를 하기 보다는 이 비치에 간다면 반드시 사진촬영을 추천한다.

카할라 비치는 카할라 힐튼 비치와 바로 연결이 된다. 카할라 힐튼 비치는 이 지역 유명 리조트인 <카할라 호텔 & 리조트>의 프라이빗 비치다. 호텔 비치이지만 투숙객이 아닌 사람도 출입이 가능하므로 부담없이 사진촬영이 가능하다. 이 리조트에는 돌고래가 서식하는 전용 라군이 있기 때문에 해변을 즐기면서 돌고래까지 관찰할 수 있다.

다만 물놀이를 하려면 와이알레 비치나 카할라 비치에서 하는 것이 좋고, 카할라 힐튼 비치는 공영 주차장과 너무 떨어져 있기 때문에 물놀이 후 뒷처리를 하기에 불편하므로 사진촬영을 목적으로 방문하는 것이 더 좋다.

파도가 너무나 잔잔한 해변이기 때문에 현지인들이 카약을 즐기는 해변으로 인기다

사우스-이스트 쇼어(South-east Shore) 비치

1. 마우날루아 베이 비치(Maunalua Bay Beach)

마우날루아 베이 비치(마우날루아 비치 파크)는 하와이 오아후섬 남동쪽 해안을 시작하는 그림 같은 해변이다. 관광객들에게는 잘 알려지지 않은 거주 지역인 <하와이 카이(Hawaii Kai)> 주거 지역에 위치한 해변이다.

이 비치는 수심이 얕은 해변으로 특히 어린이를 동반한 가족에게 더 적합하다. 해변 이름에 'Bay(만)'가 들어간 만큼 초승달 모양의 아름다운 해안선이 특징이다. 만 전체는 산호초가 둘러 쌓여있고, 그래서 더욱 고요하고 안전하게 물놀이를 할 수 있는 해변이다.

거주지역과 인접한 해변이지만 다양한 수상 스포츠와 레크리에이션 활동으로도 인기가 높다. 물이 잔잔하기 때문에 카약, 스탠드업 패들보드, 스노클링과 같은 액티비티에 적합하다. 특히 만 전체를 산호초가 둘러싸고 있어, 스노클링을 하며 해양 생물을 관찰하기에도 좋다. 다만, 물이 얕고 잔잔하기 때문에 큰 물고기들 보다는 작은 물고기들의 개체수가 많다.

'비치 파크'이기 때문에 테이블과 바비큐 그릴이 있는 피크닉 구역을 갖추고 있다. 또한 방문객의 편의를 위해 샤워실, 화장실이 있으며 주차 공간도 충분한 편이다. 오아후 섬 남쪽 끝에 위치하고 있어서 일몰을 감상할 수 있는 해변이기도 하다. 파도가 잔잔한 해변이기 때문에 저녁 시간 때의 선명한 색채가 하늘을 물들이면 바다 표면에도 반사되는 아름다운 일몰을 감상하기에 좋은 장소이기도 하다.

2. 할로나 비치 코브(Halona Beach Cove)

할로나 비치 코브는 남동쪽 해안도로를 따라 돌다보면 만날 수 있는 아름다운 해변이다. '코브'라는 이름처럼 육지 쪽으로 지형이 들어오면서 해변이 형성되었는데, 험준한 바위절벽 사이로 아주 작은 모래 해변이 위치하고 있어서 포근하고 이국적인 느낌을 물씬 느낄 수 있는 해변이다. 좁은 절벽 사이로 난 해변이라, 스마트폰을 세로 모드로 양쪽 절벽과 해변을 담으면 아무렇게나 찍어도 인생샷을 건질 수 있다. 화면상으로도 무척 아름다운 해변이기 때문에 미국 고전 영화 '프롬 히어 투 이터너티(from Here to Eternity)'에도 배경으로 사용된 적이 있다. 그래서 이 영화를 기억하는 노년층 관광객에게는 필수 관광코스이기도 하다.

할로나 비치 코브는 최근 곽튜브 등 인기 유튜버, 인플루언서들도 많이 찾는 해변이다

이 해변은 평소에 파도가 잔잔한 편이지만 가을-겨울 시즌에는 파도가 센 편에 속한다. 그래서 봄-여름 시즌에는 수영과 스노클링을 즐기기에 좋고, 가을-겨울에는 어린아이들이 놀기에는 조금 위험하다. 파도 자체가 엄청 센 것은 아닌데, 해변이 좁고 양쪽에는 절벽이 있어서 자칫 파도에 떠밀려 바위에 부딪혀 상처를 입을 수도 있다. 따라서 어린 아이들과 이 해변에 간다면 해변 중앙에서만 놀 수 있도록 보살핌이 필요하다. 그리도 다른 해변과는 달리 안전 요원이 배치되어 있지 않으므로 바다 상황에 주의하고 조심해야

할로나 비치 코브와 인접해 있는 '할로나 블로우 홀'

한다.

할로나 비치 코브는 주차장에서 바로 연결이 되는 것은 아니다. 공영주차장에 차를 세우고 좁고 가파른 길을 따라 아래로 내려가야 한다. 이 길은 아주 편하다고 할 수는 없지만 해변의 아름다움을 생각하면 그만한 가치가 있다.

참고로 주차장 이외에는 화장실을 포함한 다른 편의 시설이 전혀 없으므로 미리 대비할 수 있도록 하자.

3. 샌디 비치(Sandy Beach)

남동쪽 해변들 중에서도 샌디 비치는 무척 넓은 편에 속한다. 해변은 약 1.3km에 걸쳐 뻗어 있으며 해변에서는 남동쪽 해안선의 절벽과 무성한 초목도 관찰할 수 있다. 샌디 비치 근처에는 유명한 관광지인 '할로나 블로우 홀(Halona Blow Hole)'이 있는데, 거센 파도가 바위를 때리고 바위 틈을 통해 간헐적으로 물이 하늘로 치솟는 광경도 해변에서 볼 수 있다.

블로우 홀이 있을 정도로 오아후 남동쪽 해안들은 파도가 거센 편이다. 샌디 비치도 강력한 파도로 유명해서 숙련된 서퍼들로 매일 가득차는데, 초보 수영객에게는 상당히 도전적이고 위험할 수 있다. 이 해변은 무겁고 강력한 파도로 악명이 높기 때문에 아드레날린이 솟구치는 바디보딩과 바디서핑 애호가들이 즐겨 찾는 장소이다. 이곳에서 물놀이를 즐길 때는 주의를 기울이고 바다의 힘을 존중할 필요가 있다.

샌디비치는 오아후 남동쪽 해안에 위치하기 때문에 하와이의 매혹적인 일출을 감상할 수 있는 최고의 장소이기도 하다. 호놀룰루쪽에 숙소를 잡았다면 조금 일찍 일어나 72번 도로를 따라 드라이브를 하고 샌디비치 적당한 곳에 앉아 수평선 위로 떠오르는 태양과 그 태양이 바다에 반사되는 모습을 지켜봐도 좋다.

4. 마카푸우 비치(Makapu'u Beach)

마카푸우 비치는 72번국도를 타고 하와이 남동쪽 끝을 돌아 올라가는 지점에 있는 해변이다. 오아후 섬은 섬 우측 부분 전체가 커다란 산맥이 솟아 있는 형태인데, 마카푸우 비치는 호놀룰루 지역에서 이 산맥을 넘자 마자 나타나는 첫 해변이라 남쪽 해안들과는 사뭇 다른 느낌을 준다. 바닷물 색깔도

전문 부기보더들이 파도를 타는 것을
보기만 해도 재미가 있다

샌디비치에서는 저 멀리 블로우 홀도
관찰할 수 있다. 바닷속에는 전부 부기보드를
즐기는 사람들이다

좀 더 진한 파랑색을 띄고, 해변도 좀 더 자연그대로의 거친 느낌을 갖고 있다.

해변 뒤쪽은 험준한 화산 지형이 압도적인 느낌을 주며 우뚝 솟아있고, 해안은 바다쪽으로 완만하게 서서히 깊어지는 형태이다. 화산지형이라 해안가에서 조수가 물러나면 화산암을 따라 천연 웅덩이(조수 풀, Tide Pool)가 잘 형성되는 지형이다. 이곳에서 깊은 바다로 빠져나가지 못한 다양한 해양 생물을 관찰할 수 있는데, 이색적인 물고기들과 말미잘 등을 쉽게 볼 수 있다. 조수 풀의 깊이도 다양해서 무릎높이에서부터 스노클링을 할 수 있는 깊이까지 있으니, 스노클링 장비가 있다면 지참해서 방문하도록 하자.

마카푸우 비치 먼 바다에서는 혹등고래나 돌고래를 관찰할 수도 있다. 실제로 비치 근처에 있는 마카푸우 전망대에서는 고래를 볼 수 있다는 안내문을 공식적으로 게시하고 있기도 하다. 고래뿐만 아니라 푸른바다거북이나 돌고래를 볼 수 있으니, 해변을 즐기면서 가끔씩 먼 바다 쪽을 살피면 하와이 대표 해양 동물을 볼 수 있는 기회를 잡을지도 모른다.

비치에는 기본적인 편의 시설들이 잘 마련되어 있다. 화장실, 피크닉 장소, 넓은 주차장이 있으며, 해변 근처까지 휠체어로도 접근이 편리하다. 해변 전체는 좀 넓은 편이어서 특정 위치에서 화장실까지의 거리는 상당히 멀 수 있다. 그래서 어린 아이들을 동반할 경우 화장실 위치를 파악하고, 그 근처에서 바다를 즐기는 것을 추천한다.

다른 하와이 해변과는 전혀 다른 느낌을
주는 마카푸우 비치

미처 조수 풀을 빠져나가지
못한 곰치 한 마리가 작은
물고기들을 잡아먹고 있었다

5. 라니카이 비치(Lanikai Beach)

라니카이 비치는 하와이 오아후 섬의 동쪽 해안에 위치한 아름다운 열대 낙원이다. 세계에서 가장 아름다운 해변으로 자주 언급되는 해변이지만 사람들이 크게 붐비지는 않는다. 그래서 이 해변에 방문하는 여행자와 거주자는 모두 목가적인 휴식처에서의 환상적인 시간을 갖을 수 있다.

라니카이 비치는 다른 해변보다 깨끗하고 고운 백사장, 짙은 에메랄드빛 바다, 아기자기한 녹지를 배경으로 하고 있다. 가까운 바다에는 모크스(Mokes) 혹은 모쿨루아(Mokulua) 라고 불리는 그림 같은 두 개의 섬이 있어 자칫 밋밋할 수 있는 바다 경치를 더욱 아름답게 만들어 준다. 그래서 라니카이 비치에서 사진을 찍을 때는 반드시 모쿨루아 섬을 배경으로 찍어보자.

라니카이 비치는 관광객이 많은 다른 해변과는 달리 고요한 분위기를 자랑한다. 그도 그럴 것이 이곳은 주거 지역이며 공공 주차장이 부족하여 방문객 수가 자연스레 제한된다. 따라서 도착하기만 한다면 휴식을 취하고 일광욕을 즐기며 자연 환경의 평온함을 만끽하기에 이상적인 장소이다.

주차는 라니카이 공원 옆 도로(Aalapapa Dr.)변이 그나마 공간이 여유로운 편이다. 1차선 도로라서 도로를 침범하면 교통이 혼잡해질 수 있으니, 경계선 바깥 쪽으로 확실히 넘어가서 주차를 할 수 있도록 하자. 혹시나 주차할 공간이 없다면 여유롭게 10~20분 정도 주변을 돌아보자. 해변 주변에 식당이나 편의시설들이 없기 때문에 사람들이 오래 머무는 해변은 아니니 꾸준히 빈 자리가 나온다.

다른 해변들과는 달리 해변 주변이 전부 주택가여서 해변 입구를 찾기가 쉽지는 않다. 구글 지도에 '라니카이 비치'를 검색하고 도보 경로를 설정해서 찾아가도록 하자. 비치 입구는 주택가 사이로 난 작은 골목길인데, 골목길

무척 아름다운 해변이지만, 관광객보다는 현지인들 위주로 방문하는 한적한 해변이다

이라서 세로 사진을 찍기 아주 좋은 구도를 갖추고 있다. 해변이 보이는 골목 끝에 앉은 뒷모습을 찍으면 평화로운 라니카이 비치의 모습을 한 줌 담아 볼 수 있다.

라니카이 비치는 오아후 동쪽에 위치하고 있어 일출을 볼 수 있는 곳이다. 수평선 너머로 떠오르는 태양은 바다와 모쿨루아 섬에 황금빛 빛을 드리우는데, 모쿨루아 섬 덕에 밋밋하지 않은 더 특별한 일출을 볼 수 있다. 많은 관광객들이 이 광경을 보기 위해 일찍 방문하니, 새벽이라고 주차공간이 많을 것이라 방심하지 말자.

라니카이해변으로 들어가는 골목은
이렇게 생겼다

해변 입구로 내려가는 계단에 앉아서
인생샷을 찍어보자

라니카이 비치에 들렀다면 차로 조금만 이동해서 카일루아(Kailua) 마을에 방문해보자. 호울 푸드 마켓(Whole Foods Market), 거대 쇼핑몰인 카일루아 타운 센터(Kailua Town Center) 등이 있고 마을에 있는 스투시(Stussy)에서는 하와이 리미티드 에디션을 살 수도 있다. 이외에도 다양한 상점, 레스토랑, 부띠끄들이 있으니 잠시 쉬면서 충전을 하는 장소로 좋다.

라니카이 비치 근처에는 라니카이 필박스까지 가는 트래킹 코스가 있다. 라니카이 비치를 가기로 했다면, 웬만해서는 라니카이 필박스도 목적지에 같이 추가하도록 하자. 필박스에서 바라보는 라니카이 비치는 안 보면 평생 후회할 정도의 뷰를 선사한다. 라니카이 필박스에 대한 설명은 뒷부분에 자세히 하겠다.

6. 카일루아 비치 파크(Kailua Beach Park)

카일루아 비치 파크는 동쪽 태평양을 바라보는 위치에 있는 아름다운 여행지이다. 정동 방향이라 일출을 보기 위해 새벽부터 방문하는 방문객도 많다. 주차장은 넓은 편이긴 하지만 오아후 동쪽 지역에서 워낙 인기있는 해변이라 주말 동안에는 주차 자리를 구하기 위해 조금 대기해야 할 경우도 많으니 참고하자.

오아후 섬은 특히 동쪽 해안이 밝은 에메랄드 빛을 띄는 경우가 많은데 이는 동쪽 해안의 산호초가 사는 면적이 더 넓기 때문이다. 산호초가 많은 곳에서는 식물성 플랑크톤이 많이 살고, 이 식물성 플랑크톤이 갖고 있는 녹색 색소가 밝은 에메랄드 빛을 반사해서 우리 눈에 비치게 된다. 카일루아 비치 파크는 산호초 분포 면적이 굉장히 넓어서 해변에서 바다를 바라보면 바다 상당 부분이 에메랄드 빛으로 보인다.

산호초 지대가 길게 뻗어있는 만큼 카일루아 비치의 모래사장 역시 상당히 길게 뻗어 있다. 바다 수심도 완만하여 부드러운 모래 사장위로 맑은 물이 찰랑대는 모습은 하와이 내에서도 일품이다. 그래서 이 해변에는 관광객뿐만 아니라 현지인들도 주말 한 때를 보내는 해변으로 유명하다. 하지만 해변이 워낙 넓기 때문에 와이키키와 같이 엄청 붐비는 느낌은 아니다.

카일루아 비치에서는 바다색이 거의
에메랄드 빛이다. 보기만 해도 힐링이 된다

바다 위에 떠있는 연(kite)들만 봐도
얼마나 많은 사람이 카이트보딩을 즐기고
있는지 알 수 있다

카일루아 비치 파크는 북동풍인 무역풍을 바로 받아들이는 해변이다. 그래서 항상 바람이 많은 해변인데, 그렇다고 파도가 높은 편은 아니다. 그래서 수영과 스노클링을 하기에도 적합하며 바람을 이용한 수상 액티비티를 즐기기에도 아주 좋다. 산호초가 넓게 펼쳐진 해안이라 스노클링을 즐기는 사람에게는 다채로운 열대어를 선사해준다.

초보자에게는 좀 어렵지만 윈드서핑을 즐기는 사람이라면 이 해변만큼 환상적인 곳은 없다. 무역풍이 꾸준히 불고 날씨가 좋기 때문에 전 세계에서 온 윈드서핑, 카이트보딩 애호가들에게 인기 있는 장소이다. 근처에 장비 대여점이 있어 초보자를 위한 강습도 받을 수 있으니 관심이 있다면 미리 예약하자.

해변 공원 자체에는 방문객을 위한 여러 편의시설이 마련되어 있다. 화장실, 샤워실, 피크닉 테이블, 야자수가 있는 그늘진 공간에서 휴식을 취하고 피크닉 도시락을 즐길 수 있다. 공원은 잘 관리되어 있고 안전 요원이 근무하고 있어 수영객과 해변 방문객의 안전을 보장한다.

노스쇼어

하와이 오아후 섬의 노스 쇼어는 세계적 수준의 서핑 환경, 여유로운 분위기 그리고 푸른바다거북을 볼 수 있는 해변으로 유명한 여행지이다. 오아후 섬의 북쪽 해안 해변들을 묶어서 '노스쇼어'라고 부르고 있으며, 호놀룰루 도심에서 차로 약 1시간 거리에 있다. 노스쇼어 쪽 해변가에 다다르면 도로 차선이 줄어들어 왕복 2차선이 되는데, 이때부터 차량 정체가 심해진다. 특히 라니아케아 비치 일대에 교통 정체가 자주 일어나는데, 주말 등 이 곳을 지난다면 교통체증을 감안하고 일정을 잡는 것이 좋다. 도로 사정이 조금 불편하지만 노스 쇼어 자체는 도시의 번잡함에서 벗어나 보다 여유롭고 자연스러운 분위기를 즐길 수 있는 인기 휴양지이다.

노스 쇼어는 서핑하기 좋은 해변으로 유명하다. 겨울철(11월~2월)에는 이 지역에 엄청난 파도가 일기 때문에 전 세계의 프로 서퍼들이 몰려든다. 파도가 최대 9미터 높이까지 치솟아 경외감을 불러일으키는 장관을 연출하기도 한다. 파이프라인(Banzai Pipeline), 선셋 비치(Sunset Beach), 와이메아 베이(Waimea Bay)와 같은 유명한 서핑 포인트는 서퍼들이 거대한 파도에 도전하는 상징적인 장소이다. 서핑을 직접 해보지 않더라도 서퍼들이 파도를 타는 모습을 보는 것만으로도 짜릿한 경험이 될 수 있으니, 겨울철에 이 지역을 지나면 한 번씩 구경해보는 것을 추천한다.

노스 쇼어 초입에 위치한 할레이와(Haleiwa) 마을은 노스 쇼어의 주요 허브 역할을 하며 매력적인 상점들, 아트 갤러리, 식당들이 위치하고 있다. 특히 하와이 명물인 쉐이브 아이스크림을 파는 마츠모토 쉐이브 아이스(Matsumoto Shave Ice)도 위치하고 있으니 노스 쇼어를 여행할 때는 할레이와 마을을 베이스캠프로 삼으면 좋다.

1. 라니아케아 비치(Laniakea Beach)

거북이 해변으로도 알려진 라니아케아 해변은 하와이 오아후 섬의 북쪽 해안(노스 쇼어)에 위치한 해변 중 가장 유명하다. 아름다운 자연 경관은 기본이고 캠퍼들에게는 큰 파도, 일반 광관객들에게는 푸른 바다거북이가 자주 쉬는 곳 등 다양한 관점에서 유명한 해변이다.

라니아케아 비치의 하이라이트는 해변 깊숙이 올라와서 쉬는 하와이 푸른 바다거북이다. 같은 노스 쇼어 해변들 사이에서도 다른 곳보다 거북이를 더 쉽게 볼 수 있다. 워낙 거북이가 자주 출몰하는 해변이라, 오아후에서 활동하고 있는 자연보호단체 소속 운동가가 상주하다시피 하며 거북이 보호활동을 하고 있다. 미국 영토에서의 바다거북은 법으로 보호하고 있는 보호종이므로 만지거나 너무 가까이 다가가는 행위는 엄격히 금지되어 있다는 사실을 상기하자.

라니아케아 해변은 백사장 폭이 넓은 편은 아니다. 관광객들도 물놀이나 스노클링을 하기 보다는 거북이 구경 아니면 서핑을 하는 관광객으로 명확히 나눠는 편이라 백사장이 좁지만 붐비는 느낌은 아니다. 서핑 성수기인 겨울 시즌에는 서핑보드를 든 서퍼들이 해변 곳곳을 채우고 있다. 거북이를 충분히 관찰하였다면, 바닷가에 앉아 서퍼들이 타는 멋진 파도를 보며 시간을 보내는 것도 좋다.

다만 다른 해변들에 비해서 부대시설이 상당히 제한적인데, 주차장이 있

오아후 섬에서 가장 거북이를 쉽게 볼 수 있는 해변은 단연 라니아케아다

라니아케아에서 만난 거북이 가족 19마리

지만 도로 건너편에 있는 공터에 주차해야 하고, 그마저도 공간이 충분하지는 않다. 또한 화장실은 따로 없으며 샤워시설 등은 더더욱 없으니 라니아케아 해변을 가기 전에 할레이와 마을 등에서 개인정비? 등을 다 마치고 이 해변을 방문하는 것을 추천한다.

2. 와이메아 베이 비치 파크(Waimea Bay Beach Park)

와이메아 베이 비치 파크는 오아후에서 가장 폭이 넓은 모래사장을 갖고 있는 해변 공원이다. 주차장에서부터 바다까지 걸어가는 길이 상당히 지겨울? 정도로 모래사장이 넓은데, 그래서 전체적으로 무척 한가한 느낌을 주는 해변이다. 노스 쇼어에서는 드문 '비치파크'이기 때문에 거친 느낌의 다른 해변과는 사뭇 다르게 휴식과 여가를 즐기기 위한 그림 같은 환경을 제공한다.

와이메아 베이 비치 파크는 겨울을 제외하고는 파도가 비교적 잔잔하여 수영, 스노클링, 스탠드업 패들 보딩을 즐기기에 안성맞춤이다. 그리고 모래사장이 넓기 때문에 많은 현지인과 관광객들이 태닝을 하러 방문하기도 한다. 특히 피크닉과 해변 게임을 즐기는 현지인 가족, 친구단위 방문객이 많은 해변이라 더욱 편안한 느낌을 준다.

겨울철에는 파도가 커져 전 세계의 노련한 서퍼들이 스릴을 느끼기 위해 이 해변으로 몰려든다. 서퍼들 사이에서는 이 해변의 파도가 '세계 최고 수준의 파도'라고 할 만큼 다이나믹한 파도를 자랑한다. 초보자들에게는 직접 즐기기엔 난이도가 있는 파도이니, 전문가들의 실력을 눈으로 배우는 기회로 삼는 것이 좋겠다.

와이메아 베이 비치 우측편으로는 와이메아 강줄기가 바다로 합류되는 지점이 있다. 규모가 큰 강줄기는 아니지만 민물이 합류되는 지점이라 다른 해

근처 그림 같은 마을을 끼고 만(bay)이
형성되어 있는 해변이다

사진 중앙에 보이는 큰 바위에서 현지인
아이들이 다이빙 묘기를 펼친다

변과는 사뭇 다른 뷰를 갖고 있다. 이 강줄기를 따라 거슬러 올라가면 와이메아 폭포(Waimea Falls)도 감상할 수 있는데, 이 폭포 앞 물웅덩이는 현지인들이 자주 물놀이를 즐기는 곳이다. 도보로는 약 30분 정도 걸리니, 해변 놀이가 지겹다면 한 번 즈음 도전해볼 만한 트래킹 코스다.

스노클링 특화 비치

빅아일랜드 대비하여 오아후 섬은 많이 문명화된 곳임은 분명하지만, 그래도 지구상에 이렇게 깨끗하게 관리되는 섬은 드물다고 할 수 있겠다. 그래서 해변과 아주 가까운 바다에도 빅아일랜드 못지 않게 다양한 어종이 서식하고 있어 스노클링에 최적화된 환경을 갖고 있다.

이 책 서두에도 안내하였지만, 스노클링을 할 때는 가능하면 제대로 된 장비를 구비하는 것을 추천한다. 수경에 물이 새기도 하고, 호흡이 불편할 수도 있기 때문에 제대로 스노클링을 즐길 수 없을 수도 있다. 그리고 무엇보다 개인의 안전과 연관된 장비들이기 때문에 주의해서 구매를 해야 한다. 핀이 반드시 필요한 것은 아니지만, 핀을 사기로 했다면 숏핀을 추천한다. 롱핀의 경우 해변에서 걷기가 거의 불가능하며, 어느정도 수영을 할 수 있는 사람이 아니라면 바다 속에서도 롱핀을 컨트롤하기는 쉽지 않다.

개인의 안전 다음으로 가장 중요한 것은 하와이의 자연환경을 보호하는 것이다. 하와이 주변 바다에는 대부분 산호가 서식하고 있으며 그래서 어종들도 다양하고 아름다운 에메랄드 빛 바다가 유지되는 것이다. 산호 위를 걷거나 발로 차게 되면 다시 복구되는 데까지 수백 년의 세월이 필요하다. 최대한 산호를 건드리지 말고 자연과 동화되어 하와이의 바닷속을 즐길 수 있도록 하자.

1. 하나우마 베이(Hanauma Bay)

하나우마 베이는 하와이 오아후 남동쪽 해안에 위치한 해양 보호구역이자 인기 스노클링 명소이다. 만 자체가 보호구역으로 지정되어 있어, 입장객 전체 수를 예약시스템으로 조절하고 있고 생태계 보존 등을 명목으로 입장료도 징수하고 있다.

오아후 섬 내에서는 '스노클링 끝판왕'이라고 생각하면 되는데, 그래서인지 공평성을 기하기 위해 예약 시스템도 방문일 기준 이틀 전에 열리기 때문에 미리 예약을 해놓고 편하게 기다릴 수도 없다. 물론 취소표 등이 생기면 당일 워크인이 가능하지만 확실하게 예약을 해놓는 것이 전체 여행 일정을 위해서라도 안전한 방법이다.

하나우마베이는 오전 6시 45분부터 오후 1시 30까지 입장이 가능하며 퇴장 시간은 오후 3시 30분이다. 월요일과 화요일은 휴무일이라 일주일에 5일만 입장할 수 있고, 입장료는 인당 25달러이지만 12세 미만 어린이는 입장료가 무료이다. 하와이주에서 발급한 운전면허증을 소지하지 않았다면 주차비도 3달러를 징수하고 있으니 참고하자.

하나우마베이 예약 사이트에서는 하와이 시간 오전 7시에 이틀 뒤 판매분이 오픈된다. 입장 시간 10분 단위로 티켓을 판매하고 있는데, 10분 차이가 그렇게 큰 의미는 없으니 눈에 보이는 대로 빈 자리를 얼른 클릭해서 티켓을 예약하도록 하자. 예를 들어 9시 10분 표를 예약했더라도 8시 30분쯤 도착

해서 줄을 서면 대충 그 시간대 예약자들은 한 번에 입장할 수 있는 조금 널럴한? 시스템이기 때문이다. 그리고 사전에 예약 시스템에 들어가서 예약 과정을 연습해보는 것도 좋다. 중요한 버튼들이 어디에 위치하고 있는지를 봐두는 것만으로도 실제 예약 시에 큰 도움이 되기 때문이다.

하나우마 베이에 표를 끊고 입장하게 되면 두 번의 교육 시간이 있다. 첫 번째 교육은 입장하는 곳과 연결된 작은 전시실 앞에서 진행되는데, 하나우마 베이에서 해야될 것과 하지 말아야 될 것들을 육성으로 알려준다. 두 번째는 한 층 내려가서 시청각실에서 하나우마베이 관련 다큐멘터리를 시청한다. 이렇게 두 번의 교육이 끝나면 드디어 하나우마 베이에 들어갈 수 있다.

교육실을 나오자마자 조금만 걸으면 픽업트럭에 매달린 셔틀 카트가 있다. 이용은 무료이니 얼마든지 이용하면 된다. 카트를 타는 곳에서 해변까지는 약 300~400미터를 내려가게 되는데, 짐만 없으면 걸어서 충분히 갈만한 거리다. 그런데 올라올 때는 경사가 꽤 있는 편이니 카트를 이용하는 것이 좋다.

하와이 겨울 시즌에는 하나우마 베이에도 바람이 많은 부는 편이다. 특히 오전은 쌀쌀한 편이니 바람막이 등 외투를 준비하는 것이 좋다. 그리고 아쿠아슈즈는 필수인데, 하나우마 베이 전체가 산호로 뒤덮혀 있기 때문에 자칫 발을 다칠 수가 있다. 물론 산호 위에 발을 디뎌서 서는 것을 가급적 지양해야 하지만 수경에 물이 들어가는 등 긴급상황에서 혹시나 서게 될 경우 발을 다치지 않도록 유의해야 한다.

하나우마 베이에는 음식 반입도 가능하다. 음료수, 물, 무스비, 컵라면 등

하나우마 베이의 첫 번째 교육시간

교육을 마치고 나오면 바로
하나우마베이의 시그너처 뷰가 보인다

여유로운 하나우마 베이의 모습,
멀리 코코헤드 크레이터 산이 보인다

하나우마베이의 산호는 색상이 대체로
흙빛이다. 알록달록한 산호가 있는
것은 아니다

을 챙겨도 좋고 음식 챙기기가 귀찮을 경우 입구쪽에 있는 식당을 이용할 수도 있다. 다만, 하나우마베이에는 고양이목 동물인 '몽구스'가 살고 있는데, 이 녀석은 가방 속에 있는 무스비 등 음식물을 훔쳐가기로 유명하다. 짐을 둔 채로 스노클링을 실컷 하고 오면 몽구스가 몰래 와서 음식물을 자주 훔쳐간다. 분명히 집에서 나올 때 음식물을 챙겼는데, 음식물이 없어졌다면 사람보다는 몽구스를 의심하는 것이 확률이 높을 정도다.

하나우마베이에 살고 있는 좀도둑 몽구스다.
영리해서 가방을 열고 먹을 것을 가져갈 수 있다

하나우마 베이는 '만(bay)' 특유의 말굽 모양으로 형성되어 있다. 이 만은 오아후 섬이 화산 활동을 할 때 생긴 것으로 만 전체가 화산 분화구의 잔해 속에 자리잡고 있다. 해변의 길이는 좌우로 아주 긴 편인데 바다를 바라보고 오른편은 좀 더 한적하고 넓으며 왼편은 산의 절벽과 맞닿아 있어 그늘이 많은 편이다. 한낮의 햇빛이 두렵다면 왼편이 조금 더 나은 자리이고 햇빛이 상관없으면 오른편에서 널찍하게 휴식을 만끽하자.

하나우마 베이는 평균적으로 일년 내내 파도가 잔잔한 편이다. 베이 가 끝나는 지점에 큰 산호초가 파도를 막아주고 있어서 그 안쪽에서 스노클링을 하는 사람들은 파도의 영향을 덜 받으면서 관찰을 즐길 수 있다. 하와이 전체에서 가장 다양한 생물종을 관찰할 수 있는 해변이라 할 수 있으며, 그 면적도 아주 넓어 여행을 하듯 스노클링을 할 수 있다.

스노클링을 충분히 즐겼다면 여유로운 시간에 아름다운 해변을 배경으로 사진촬영하기에도 좋다. 가장 뷰가 좋은 곳은 시청각 교육을 하였던 장소 바로 앞인데, 언덕 위에 있기 때문에 베이 전체를 조망하며 사진을 찍을 수 있다. 그리고 해변 우측 끝으로 가면 사람들이 거의 없고 잔디가 펼쳐진 공간이 있는데, 이곳에서 건너편 산을 배경으로 사진을 찍으면 흔히보던 하와이 사진이 연출된다.

2. 샥스코브(Shark's Cove)

샥스코브는 한 마디로 하와이 스노클링의 최고봉이라 할 수 있다. 물론 어종은 하나우마베이가 훨씬 많지만 제한적인 어종에서의 개체수는 단연 샥스코브가 가장 많다고 할 수 있다.

샥스코브는 바위로 둘러 쌓여있어 웬만한 파도에도 그 안쪽에 영향을 전혀 주지 않는다. 물은 상당히 잔잔해서 아이들도 편하게 스노클링을 즐길 수 있다는 것이 최대 장점이고, 물 공포증이 있는 어른에게도 안성맞춤인 곳이다.

다만 오아후 노스쇼어에 위치한 해변인 만큼 바위 바깥쪽은 기본적으로 파도가 세다. 가끔 겨울 시즌 즈음하여 해일/ 강풍 경보가 있는 날이 있는데, 이 날은 아무리 샥스코브라고 해도 스노클링이 불가능하니 가기 전에 날씨를 한 번 체크해보는 센스를 갖도록 하자.

와이메아 베이와 선셋 비치 사이에 자리한 샥스 코브는 찾기가 조금 까다로울 수 있지만 구글맵으로 접근하면 그리 어렵진 않다. 하와이 주에서 운영하는 정식 해변이 아니라 주차장이 상당히 좁기 때문에 아침 일찍 서둘러서

샥스코브는 물 바닥이
다 보일 정도로 수심이 얕아서
안전하게 스노클링을 할 수 있다

구명조끼만 입히면 수영을
잘 못 하는 10살 아이도 겁먹지
않고 스노클링을 할 수 있는
장소이다

도착할 필요가 있다. 주차장에서 해변으로 내려가는 길도 비좁고 미끄러운 곳이 많다. 하지만 내려가는 길이 그다지 길지는 않으니 아이들을 동반할 경우 한 발 한 발 조심히 내려간다면 그리 어렵지 않게 도착할 수 있다.

샥스코브 역시 산호초로 이뤄져 있는 해변이라 아쿠아슈즈는 필수다. 그리고 일부 깊은 곳을 제외하고는 대부분 얕은 물이라 아이들은 구명조끼가 없이도 놀 수 있다. 다만, 깊은 곳으로 연결되는 코스가 군데군데 있기 때문에 구명조끼를 입히지 않고 아이들을 놀게 한다면 어른들의 주의깊은 관찰이 필요하겠다.

샥스코브의 하이라이트 어종은 '플레그테일 피쉬'인데, 이 어종은 화려하지는 않지만 떼를 지어 다니기 때문에 마치 코엑스 아쿠아리움의 정어리떼와 수영을 하는 느낌을 받을 수 있다. 샥스코브에는 약 500~700마리의 플레그테일 피쉬가 군영을 하는데, 사람을 많이 경계하지는 않아서 물고기 떼를 배경으로 두고 사진을 찍을 수 있는 정도이다.

수영이나 스노클링에 자신이 있다면, 샥스코브를 파도로부터 지켜주는 큰 바위 넘어로 들어가보도록 하자. 하와이의 상징적인 물고기인 후무후무누쿠누쿠아푸아(humuhumunukunukuapua'a, 무지개색의 오묘한 물고기)와 우아한 무어아이돌(Moorish idols), 생동감 넘치는 앵무새치(Parrotfish) 등을 관찰할 수 있다. 그리고 가끔씩 나타나는 푸른 바다거북이와 수영해볼 수 있는 행운을 잡을 가능성도 있다. 푸른바다거북은 주변에 아랑곳하지 않고 유유히 헤엄치곤 하는데, 그렇다고 해서 수영을 하며 거북이를 만진다거나 방해해서는 안된다. 정중하게 거리를 유지할 수 있도록 하자.

3. 일렉트릭 비치(Electric Beach)

오아후 서쪽에 위치한 일렉트릭 비치는 발전소와 바다 사이의 독특한 시너지 효과로 인해 붙여진 이름이다. 일렉트릭 비치 바로 뒷편에 보면 오아후 지역에 전기를 공급하는 발전소가 있는데, 이 발전소는 발전 공정 중에 발생한 따뜻한 물을 바다로 방출한다. 그런데 이 따뜻한 물이 온난한 해류를 좋아하는 다양한 해양 생물들을 끌어들여서 인간들에게는 인공 스노클링 명소로 즐길 수 있게 된 것이다. 그래서 다른 오아후 해변에서는 볼 수 없는 물고기 종류를 볼 수 있고 따뜻한 곳에서 쉬기 좋아하는 푸른바다거북도 자주 볼 수 있다.

일렉트릭 비치에서의 스노클링은 특히 타이밍이 중요하다. 오아후의 다른 스노클링 명소와는 달리 파도를 막아주는 자연 암벽, 산호가 없기 때문에 파도가 치지 않는 날에 방문하여야 제대로된 스노클링을 즐길 수 있다. 대부분 날에 오전에는 바다가 가장 잔잔하고 경치가 선명하기 때문에 되도록 오전에 방문하는 것을 추천한다.

일렉트릭 비치 곁에서 바다를 바라보았을 때는 일반 바다와 아무 차이점이 없지만 해변을 따라 헤엄쳐 나가면 바다 아래에 산호가 있는 부분과 없는 부분이 확연히 구분된다. 산호가 한 길을 따라 쭉 바다 쪽으로 이어지는데, 이 부분이 바로 온수가 지나가는 거대한 파이프 위다. 이 파이프 길을 이정표로 삼아서 바다쪽으로 200미터 정도 수영해 나가면서 바닷속을 관찰하면 된다.

이 해변은 탁 트인 바다이기 때문에 아이들과 함께 나가기에는 조금 부담이 되는 것이 사실이다. 특히 겨울 시즌에는 이 해변에 바람이 많이 부는 편이기 때문에 수영을 할 줄 알더라도 구명조끼 없이 입수하는 것은 추천하지

일렉트릭 비치 주차장의 모습.
오른편에 발전소 굴뚝이 보인다

이곳은 열대어가 다양하게
서식하기 때문에 스쿠버다이빙
애호가들도 자주 찾는다

않는다. 다른 해변과는 달리 100미터 이상 바다쪽으로 나가면서 스노클링을 하기 때문에 체력관리가 안 될 경우 자칫 위험할 수 있기 때문이다.

일렉트릭 비치는 오아후 해변에서 접근할 수 있는 좋은 다이빙 포인트로 유명하다. 스노클링과 마찬가지로 온수 파이프로 이어진 길을 따라 유영을 하면 오아후 그 어느 곳보다 다양한 생물들을 관찰할 수 있다.

추가로 가볼 만한 곳

1. 머메이드 케이브(Mermaid Cave)

머메이드 케이브는 하와이를 여행하면서 꼭 가야하는 곳은 아니지만 인스타그램 속 히든 명소를 찾는 분에게는 반드시 추천하는 곳이다. 이곳은 케이팝 아이돌인 블랙핑크 제니, 걸스데이 민아와 같은 셀럽들이 화보를 찍은 곳으로도 유명하다.

그런데 이곳은 구글지도로 찾기가 쉽지가 않은 곳이다. '머메이드 케이브'라고 검색하면 '자블란 비치'로 연결되는데, 심지어 그 '자블란 비치'라고 찍힌 곳으로 차를 몰고 가면 로컬 학교 운동장으로 연결된다. 우리 가족도 학교 운동장으로 진입하고 학교 선생님의 안내를 받아 제대로 된 위치로 갈 수 있었다. 머메이드 케이브 바로 인근에 있는 퍼블릭 주차장 주소를 찍고 가는 것이 가장 좋으니, 아래 QR코드와 주소를 참고하도록 하자.

주소 : 89 Laumania Ave, Waianae, HI 96792, United States

머메이드 케이브는 바닷가쪽 보다는
주택가쪽으로 가까이 형성되어 있다

머메이드 케이브는 가정집 바로 앞에 위치하고 있어서 근처에 도착했어도 '여기에 동굴이 있다고?'라는 생각이 계속 드는 곳이다. 그 일대 전체가 듬성듬성 구멍이 뚫린 화강암 지대라서 조금 깊게 파인 곳이면 '여기가 거긴가?'라는 생각이 들 정도로 처음에 바로 찾기는 쉽지 않다.

빠르게 입구를 찾으려면 위쪽 사진과 같이 생긴 가정집을 찾는 것이 가장 좋다. 이 가정집 마당 경계석을 기준으로 바로 앞에 아래로 내려갈 수 있는 구멍 2군데가 연속으로 뚫려 있는데 이곳이 머메이드 케이브 입구이다. 동

머메이드 케이브 속, 블랙핑크 제니와
걸스데이 민아 등 많은 셀럽들이
이곳에서 사진을 찍어 더욱 유명해졌다

굴에 깊이는 약 1.9미터 정도로 어른 키 보다 살짝 더 깊기 때문에 2명 이상 방문해야 수월하게 오르내릴 수 있다. 만약 혼자 방문할 경우 어느 정도 팔힘에 자신이 있을 경우에만 도전하도록 하자. 혹은 주변에 사람이 있는 것을 확인하고 내려가도록 하자.

바로 옆이 주택가이기도 하고 위험한 동굴은 아니지만 혼자 올라올 힘이 없을 경우 사람이 도와줄 때까지 혼자 아래에 있어야 할 수도 있기 때문이다. 혹은 가끔씩 마을에서 관광객용 사다리를 놓아두는 날도 있으니 내려가

어른 한 명이 아래에서든 위에서든
도와줘야 수월하게 오르내릴 수 있다

기 전에 체크해 보도록 하자.

이 동굴 아래는 바다와 바로 연결이 되어 있어서 파도가 밀려온다. 물론 동굴 끝까지 밀려오는 것은 아니기 때문에 건조한 땅이 있으며 사진을 찍고 싶을 때 물에 들어가서 사진을 찍는 것을 추천한다. 다만 겨울에는 파도가 조금 더 세게 치니, 아이들만 파도 쪽으로 가지 않게 어른이 관리할 수 있도록 하자.

인공이라서 잔디밭과 야자수 그리고 라군 호수의 모습이 더욱 그림 같다

2. 코올리나 라군4(Ko Olina Laggon 4, Ulua Lagoon)

오아후 섬 서부 해변에는 고급 리조트들이 모여있다. 아울라니 디즈니, 메리어트, 포시즌스 등 호텔과 골프장들이 모여있는데, 이 호텔들을 배경으로 인공 라군 4개가 연속해서 위치하고 있다. 이 라군들은 파도가 들이치지 않도록 큰 바위들로 경계를 쌓아 만들었는데 기본적인 구조는 모두 비슷하다. 4개 중에 하나를 추천하라고 한다면 제일 아래쪽에 위치한 코올리나 라군4가 규모와 접근성 그리고 미적인 기준으로 가장 추천할 만하다.

라군 중에서도 가장 아름다운 뷰를 갖고 있는 코올리나 라군4

각 라군마다 화장실과 야외시설이 있고, 무료 주차장도 갖추고 있다. 언제나 그렇듯이 무료 주차장은 항상 가득차는 편이며 조금 여유를 갖고 기다리면 자리는 종종 나는 편이다. 주차장이 해변 바로 뒤에 있기 때문에 일행 중 나머지가 해변에 자리를 잡고 준비를 하고 운전자만 기다렸다가 주차를 하면 그리 오래 기다리지 않고 주차를 할 수 있다. 하지만 여의치 않을 경우 바로 옆에 유료 주차장도 있기 때문에 그곳을 이용하는 것도 여행 시에 시간을 아끼는 방법이다.

라군의 장점을 꼽으라면 '잔잔한 해변'이라 할 수 있다. 수영을 잘 못하거나 아이들을 동반하여 해수욕을 즐기고 싶다면 라군 만한 곳이 없다. 커다란 바위들로 파도를 막아버렸기 때문에 스노클링도 가능하다. 물론 개체수가 적고 물고기들도 작은 편이지만 여기는 하와이다. 평소에 보지 못했던 물고기들을 감상하며 충분히 스노클링을 즐길 수 있다.

또한 고급 리조트들 사이에 있는 해변이라 노숙자, 자동차 도둑 등 위험 요소들 없이 안전하게 해수욕을 즐길 수 있는 것 또한 장점이다. 인공으로 만든 해변이기 때문에 모래사장 뒤쪽으로는 잔디밭이 있고, 잔디밭 위로는 그늘을 제공해주는 아름다운 야자수들이 늘어서 있다. 말 그대로 하와이 같은 뷰를 제공해주는 해변이다.

무엇보다 주변 산책길도 너무나 아름답게 조성되어 있어, 해수욕을 즐기는 중간 중간 산책을 하며 인생샷을 남기기에도 좋다. 더구나 이쪽은 오아후 서쪽 해안이기 때문에 해변에서 노을을 보는 것도 가능하다. 오아후 서쪽 코스를 여행하거나, 노스쇼어를 들렀다가 와이키키로 내려오는 길에 들러 한가로운 오후 한 때를 보내기 위한 해변으로 추천한다.

3. 쿠알로아 리저널 파크(Kualoa Regional Park)

쿠알로아 리저널 파크,
마카다미아 농장, 보태니컬 가든

쿠알로아 리저널 파크는 쿠알로아 랜치를 갔을 때 함께 가면 좋은 곳이다. 엄청나게 넓은 공원에 캠핑장이 같이 있으며, 넓은 면적에 비해 사람이 많지 않아 여유롭게 휴식을 취하기 좋다.

이 공원에서는 '중국인 모자섬(Chinaman's Hat)'이라고 불리는 모콜리이 섬(Mokoli'I Island)이 바라보이는데, 넓은 잔디밭과 에메랄드 빛 바다 그리고 독특한 모콜리이 섬의 배경은 엽서 같은 파노라마를 연출한다. 이렇게 멋진 뷰를 배경으로 피크닉 테이블에서 컵라면 등 K푸드와 함께하는 것도 독특한 경험으로 남길 수 있다.

공원 근처에는 '트로피컬 팜스(Tropical Farms)'라는 마카다미아 농장이 있다. 이곳에서는 모든 종류의 마카다미아를 맛볼 수 있고, 코나 커피도 시음할 수 있다. 그리고 하와이가 원산지인 여러 소스들과 소금류들도 팔고 있어서 여행 선물을 구비하기에도 좋은 곳이니 참고하자.

이곳에서는 모자섬을 배경으로 사진을 찍으면 특별한 사진을 남길 수 있다

마카다미아 농장은 그렇게 붐비지 않고
다양한 마카다미아를 맛볼 수 있으니
잠시 들려보도록 하자

2) 트래킹코스

1. 다이아몬드 헤드 트레일

하와이 다이아몬드헤드 트레일은 호놀룰루 지역 전체를 내려다볼 수 있는 조망과 함께 태평양의 푸른 바다를 함께 볼 수 있는 환상적인 하이킹 명소이다. 그리고 무엇보다 화산 분화구 위를 향해 트레킹을 한다는 것 자체가 특별한 경험을 간직할 수 있는 기회라 할 수 있다.

다이아몬드 헤드는 미리 예약하지 않으면 입장이 불가능하다. 입장하는 날 기준으로 정확히 30일 전에 예약이 가능하며 입장 및 주차를 동시에 예약할 수 있다. 겨울 시즌이 아닌 여름 시즌에도 다이아몬드 헤드 트래킹에는 오전 일찍이 더 좋다. 올라 가는 시간이 1시간에서 1시간 30분 정도 소요되는데, 해가 조금만 중천에 떠도 햇살이 상당히 강해지며 기온도 상당히 올라가기 때문이다. 그래서 일출시간대가 아니라면 일몰 시간대를 추천한다.

겨울철에는 일출을 보기 위해
6시 전부터 차량 대기줄이 길다

자연그대로를 보전하려고
해서인지 트래킹 코스에는
인공 조명이 거의 없다

다이아몬드헤드 트레일은 해발 232 미터의 크레이터 꼭대기로 향하는 약 1.6 킬로미터의 산책로이다. 환경보호를 위해 다이아몬드헤드 출입 시간은 아침 6시로 정해져 있고, 따라서 여름철에는 다이아몬드헤드 정상에서 일출을 보는 것은 불가능하다. 이미 입장 시간이 되면 해가 떠오른 뒤이기 때문이다. 겨울 시즌에는 6시에 주차장에 도착하여 바로 등산을 시작하면 정상에서 일출을 보는 것이 가능하다.

트레킹을 시작하면서부터 화산 사면의 화강암과 화산폭발의 흔적을 관찰하는 것이 가능하고 일정 수준 높이에 다다르면 발 아래로 푸른 태평양과 와이키키지역 및 카할라 지역을 관찰할 수 있다. 특히 겨울 시즌 일출 전에 정상에 다다르면 하와이 현지인들 마을에 하나 둘 불이 켜지면서 일상을 준비하는 모습들도 간접적으로 느낄 수 있어 색다른 묘미를 선사한다.

만약 일출을 보기 위해 새벽 시간에 예약을 했다면 반드시 랜턴 준비는 필수다. 사진을 보면 알겠지만 핸드폰 조명으로는 내 발 앞의 위험요소를 전부 비추기 어려울 정도로 어둡다. 트래킹 코스는 대부분 화강암으로 되어 있지만 중간중간에 움푹 파인 곳들이 많아 발목 부상이 상당히 자주 일어난다. 낮이라도 발 밑을 항상 조심해야 하고 밤이라면 더더욱 랜턴으로 비추면서 한 발 한 발 디뎌야 한다.

정상 근처에는 풍량이 다른 곳보다 훨씬 많다. 다이아몬드 헤드가 바로 바닷가를 끼고 있어서 해풍이 엄청 강한 편이다. 새벽녘에는 조금 추울 수 있으니 바람막이를 준비하는 것도 나쁘지 않다. 우리 가족이 갔을 때는 바람이 너무 불어서 눈을 뜨는 것도 힘들 지경이었다. 손으로 얼굴을 가리고 해가 뜨기 만을 기다리는 사람도 많았다.

다이아몬드 헤드의 일출 명당은 아무래도 가장 높은 곳이다. 그래서 도착

사진 속에 보이는 땅은 대부분
화산 분화구이다. 오랜 시간이 지났기
때문에 일반 산처럼 숲이 조성되어 있다

하는 순서대로 가장 높은 꼭대기에서부터 계단을 따라 사람들이 일렬종대로 앉아서 대기한다. 해가 떠오르기 시작하면 누가 먼저랄 것도 없이 자리에서 일어나 일출을 눈으로 카메라로 담기 시작한다. 그러면 보이지 않는다고 서로 짜증을 내는 대신 그것마저 하나의 경험으로 소중히 간직해보자는 마음가짐을 갖도록 하자. 여행에서의 짜증은 나만 손해이기 때문이다.

2. 코코 크레이터 레일웨이 트레일(Koko Crater Railway Trail)

하와이에서는 전쟁 등 유사시에 사용하기 위해 산 위에 '필박스(pillbox)'를 구축해 놓았다. 한국어로 치면 '진지'나 '참호'인데, 작고 네모난 콘크리트 건물이라고 생각하면 된다. 적군을 관찰하기 가장 최적의 장소에 필박스를 구축해 놓았기 때문에 그 산에서 가장 뷰가 좋은 장소라고 바꿔 말할 수 있다. 그래서 대부분의 유명한 트레킹 코스는 각 산의 필박스까지 가는 길이 포함되어 있으니 참고하자.

코코 크레이터 꼭대기에도 이러한 필박스가 존재한다. 그런데 다른 트레일들과는 달리 코스 대부분이 철길 계단으로 이뤄져 있다는 점이 특징이다. 화산의 측면을 1,048개의 철길로 연결해서 정상의 필박스까지 이어 놓았다. 과거에는 이 철길을 이용해서 산 아래에서 정상까지 군수품 등의 물자를 이동시켰는데, 현대에 와서는 더 이상 그런 용도로는 쓰지 않고 관광객들이 오를 수 있는 계단으로 사용하고 있다.

그래서 일반 산과는 다르게, 일정 높이의 계단을 지속적으로 올라야 하고, 이런 점이 생각보다는 많은 체력을 요구한다. 따라서 체력이 아주 약한 어른이나 초등학교 저학년처럼 어린 아이들에게는 무척 어려운 트레일 코스이니, 평소에 등산을 자주하지 않는다면 도전을 신중하게 생각해봐야 한다.

코스가 어려우니만큼 보상은 탁월하다. 산 입구에서부터 꼭대기까지 일렬로 이어진 철길 계단은 독특한 풍경을 갖고 있으며 정상 부근에서 계단에 앉아 사진을 찍으면 어디서도 못 본 풍경을 만들어준다. 그리고 중간 중간 철길에 앉아서 쉬어갈 때 보이는 뷰도 아름다운데, 어느 정도 높이에 다다르면 좌측으로는 하나우마베이 전체를 내려다볼 수 있으며 우측으로는 차이나월을 끼고 있는 마을 전체와 쿠이해협(Kui Channel)을 내려다볼 수 있다. 그리고

사진으로 보기에도 계단이 녹녹치 않다. 특히 날씨가 더울 경우에는 체력에 자신 있는 사람만 오르자

정상에서는 오아후 섬의 북동쪽 풍경이 파노라마처럼 펼쳐진다.

이 트레일은 넓은 주차장도 갖추고 있고 무료이기도 하다. 다만 근처에 화장실 등의 편의시설은 없으니 참고하자. 주차장에서부터 트레일 입구까지는 약 200미터 정도 걸어가야 하는데 아스팔트 도로로 잘 포장이 되어 있다. 그러다 갑자기 흙길이 보이는데, 우측에 보이는 흙길을 올라가면 입구를 쉽게 찾을 수 있다.

올라갈 때도 물론 힘들지만 내려올 때 더욱 주의하여야 한다. 다리 근육이 풀려있을 가능성이 높으며 계단이기 때문에 자칫 발을 잘못 디디면 큰 사고가 날 가능성도 있다. 그래서 내려올 때는 한 계단 한 계단 올라갈 때보다 더 천천히 내려오는 것이 좋다. 철길 중간 즈음에는 'Danger'라고 표기된 20미터가량의 구간이 나오는데, 이 부분은 철길 아래 낙차가 2미터 정도 되는 위험한 구간이다. 하지만 옆으로 돌아가는 길(bypass)이 있어서, 무섭거나 지쳐서 이 부분을 지나가기가 부담된다면 돌아가는 길로 안전하게 갈 수도 있다.

트레일 중간 즈음에서부터 저 멀리 하나우마베이를 볼 수 있다

거의 정상에 다 와서 아래를 바라보면
올라오길 잘했다는 생각이 들 정도로
멋진 뷰가 펼쳐진다

철길 중간 즈음에 위치한
돌아가는 길 표지판,
우측으로 가면 돌아갈 수 있다

3. 마카푸우 포인트 라이트 하우스 트레일

(Makapu'u Point Lighthouse Trail)

마카푸우 포인트 라이트하우스 트레일은 이 책에서 소개하는 트레일 중에 가장 접근성이 좋고 코스도 쉬운 편이다. 전체 코스 길이는 약 2.5km이며, 포인트가 되는 목적지는 두 군데가 있다. 첫 번째 목적지는 주차장에서 약 700미터 정도만 걸으면 나오는 뷰포인트인데, 여기서 오아후 섬의 남쪽 해안선을 내려다볼 수 있다. 이 포인트에서 북쪽 방향으로 계속해서 걸어나가면 최종 목적지인 마카푸우 포인트 등대(라이트 하우스)가 나오는데, 이 등대가 내려다 보이는 뷰포인트에서는 오아후 동쪽 해안선을 내려다볼 수 있다. 등대까지 왕복할 경우 어른 걸음으로는 약 1시간 정도 소요되는 코스이다.

전체 코스는 아스팔트로 잘 포장되어 있어서 운동화가 필요없을 정도로 쉬운 코스이다. 실제로 현지인과 관광객들은 유모차를 끌고 오는 경우도 많으니, 가벼운 마음으로 물 한 병 손에 쥐고 다녀오기 좋다. 시간이 없거나 체력적으로 힘든 경우라면 첫 번째 뷰포인트까지만 다녀와도 좋다.

첫 번째 뷰포인트에서는 겨울 시즌에 혹등고래를 관찰할 수도 있는데, 실제로 우리 가족은 여기서 혹등고래가 유영하는 모습을 먼발치에서 관찰했다. 여기서 유의할 점은 고래가 가까운 바다에서 보이는 것이 아니라 너무 큰 기대는 하지 말아야 한다는 것이다. 혹등고래를 관찰하려면 자리를 잡고 집중해서 바다를 쳐다보고 있어야 수면위로 올라와서 노는 고래를 관찰할 수 있을 정도다.

최종 목적지인 등대까지 가면 왼쪽 해안선을 따라 동쪽 해안을 조망할 수

트레일 대부분이 걷기 쉽게
포장되어 있다. 자연을 만끽
하며 천천히 걸어 올라가자

첫 번째 뷰포인트에서 고래를 발견한
순간. 멀리 유영하는 고래를 발견하고
눈을 떼지 못하고 있다

있는데, 특히 바다쪽으로 육지가 튀어나오면서 조성된 마카푸우 비치 파크 (Makapu'u Beach Park)가 아름다운 경치를 자랑한다.

4. 라니카이 필박스 트레일(Lanikai Pillbox Trail)

만약 하와이에서 트래킹 코스 중 한 곳만 갈 수 있다고 한다면, 단연 1순위가 바로 이 라니카이 필박스 트레일이다. 트래킹 코스 내내 멋진 뷰를 선사하고, 적당한 난이도를 갖고 있으면서 무엇보다 인생사진을 건질 수 있는 곳이기 때문이다.

트래킹 코스 후반부로 접어들면 멀리 드넓게 펼쳐진 태평양 바다에 산호들이 만들어낸 에메랄드 빛 해변 그리고 두 개의 쌍둥이 섬 모쿨루아(Mokulua) 제도가 독특한 뷰를 만들어낸다. 심지어 산 바로 밑에 자리잡은 고급 주택 단지들도 아름다운 뷰에 일조하고 있다. 이 주택 단지에는 오바마 대통령의 별장도 위치하고 있어 더욱 유명하다.

트레일 이름에서 알 수 있듯이 코스 중간에 군용 벙커인 '필박스'들이 자리잡고 있는데, 지역 예술가들이 필박스에 그래피티를 그려놓아서 유명한 포토존이 되었다. 이 필박스는 트래커들의 사진 촬영과 휴식을 위한 훌륭한 전망대를 제공한다. 이 필박스에 걸터앉아서 바다를 배경으로 사진을 찍으면 자꾸만 보고싶은 인생 사진을 찍을 수 있다.

이 트레일은 왕복 2.9km 정도 코스인데 초반부에는 상당히 가파른 구간과 고르지 않은 지형들을 넘어야 하고 바위길이 일부 포함되어 있다. 대신 후반부에는 산 능선을 따라 올라가며 아름다운 뷰를 배경으로 트레킹을 할 수 있는 환상의 코스가 마련되어 있다.

이 트레일 코스는 오아후 섬 동쪽을 바라보고 있기 때문에 일출을 보는 것

저 아래 집들 중에
오바마 전 대통령의 별장이 있다

이렇게 걸터앉아서 사진을 찍어
보자. 아래는 바로 바닥이라
전혀 위험하지 않다

이 능선까지만 올라오면 어려운 부분은 다 지나갔다. 멀리 필박스 지붕에 오르는 관광객들이 보인다

이 가능하다. 시간이 가능하다면 새벽에 출발하여 필박스 위에 걸터 앉아서 일출을 감상해보도록 하자. 단, 라니카이 필박스에서의 일출은 현지인과 트래킹 매니아 관광객들에게 워낙 유명한 코스여서 단독 사진 촬영의 기회는 잘 주어지지 않는다. 하지만 일출을 좋아하는 사람이라면 인생 전체에서 손꼽히는 일출 장면을 제공해줄 것이기 때문에 꼭 한 번 도전을 추천한다.

이 코스는 전체적으로 고르지 않은 지형 때문에 접지력이 좋고 튼튼한 신발이 필요하다. 보통의 운동화 정도도 불가능한 것은 아니다. 우리 가족도 처음엔 코스 난이도를 모르고 도전해서 아이들은 크록스를 신고 우리 부부는 슬리퍼를 신고 도전했었다. 중간 즈음에 살짝 포기할까 생각도 들게 한 상당히 가파른 코스도 나오기 때문에 최소한 운동화는 챙길 수 있도록 하자. 한 가지 유의할 점은, 이 트레일 코스 전체 통틀어 그늘에서 잠깐 쉬어갈만한 곳이 없는 것이다. 따라서 수분을 보충할 수 있도록 충분한 물을 준비할 수 있도록 하자. 다만, 후반부 코스는 태평양 바다의 해풍을 그대로 맞는 능선 코스이기 때문에 모자가 날아가는 경우가 태반이다. 따라서 햇빛이 강하긴 하지만 모자를 쓰는 것은 추천하지 않는다. 혹은 모자를 가져가서 당일 풍량과 풍속을 체크하고 사용하는 것도 방법이다.

트레일 출발점은 오아후 카일루아(Kailua) 주거 지역에 위치해 있다. 주변에 마땅히 주차할만한 곳이 잘 없기 때문에 공터나 갓길 바깥쪽에 잘 주차해야 한다. 앞서 '라니카이 해변'에서도 이 지역 주차를 소개한 적이 있는데, 그나마 주차 공간이 좀 있는 지역은 '라니카이 공원' 근처 도로변이니 이 근방을 천천히 둘러보며 주차 공간을 찾아보도록 하자. 참고로 트레일 코스 시작점에 골프장이 위치하고 있는데, 이 곳 주차장에 잘못 주차했다가 차를 견인당하거나 불법주차 과태료를 내야 할 수도 있으니 주의하자.

3) 체험/ 액티비티

1. 쿠알로아랜치(Kualoa Ranch)

쿠알로아 랜치는 오아후 섬 북동쪽 해안에 위치하고 있는 자연보호 구역이자 개인 사유지이다. 울창한 경관과 드라마틱한 풍경, 그리고 이곳을 배경으로 승마와 랩터투어 등 여행자들이 즐길 것들이 풍부한 목장이다. 그리고 무엇보다 영화 촬영지로도 유명하기 때문에 많은 관광객들이 이곳을 방문한다.

쿠알로아 랜치는 고대 하와이 시대까지 거슬러 올라가는 유서 깊은 역사를 자랑하기도 한다. 하와이어로 '쿠알로아(Kualoa)'는 '긴 등'이라는 뜻을 갖고 있는데, 이 땅은 우뚝 솟은 푸른 빛 절벽과 굽이치는 계곡이 특징이다. 이 지역은 하와이 왕족들의 피난처로 사용되었는데 고대 하와이인들은 이곳에 신성한 기운이 깃들어 있다고 생각했다. 이곳 투어 프로그램을 이용할 경우 이와 같은 이야기들을 가이드들이 포인트별로 잘 설명해주는데, 멋진 풍경과 함께 하와이를 느끼는 또 다른 방법을 선사해 준다. 예를 들어 쿠알로아 랜치를 둘러싼 큰 산인 '푸우마나마나(Pu'u Manamana)'에는 신들의 손가락 자국이 남아 있다든지 하는 재미있는 상상을 들어볼 수 있다.

이곳은 태곳적 모습을 간직하고 있기 때문에 그러한 배경이 등장하는 할리우드 영화의 촬영지이기도 하다. 대표적으로 '쥬라기 공원', '고질라', '콩: 스컬 아일랜드'가 있고 미국 드라마 '로스트'와 같은 TV 시리즈의 배경으로도 등장하였다. 실제로 투어 곳곳에 영화 촬영지의 모습을 재연해 놨으며 이곳에서 사진 촬영하는 재미도 쏠쏠하다.

목장 가운데로 들어가면
저 큰 산맥이 병풍처럼 둘
러싸고 있다

손가락으로 꾹 누른듯한 산맥들이 장관을 이룬다

가이드한테 부탁하면
가족 사진을 재미있게 찍을 수 있다

일찍 도착하는 순서대로 랩터를 탈 수 있다.
가능하면 앞쪽에 타는 것이
먼지를 덜 먹는 방법이다

목장 전체 넓이가 16㎢이며 대부분 산과 계곡으로 이뤄진 곳이라서 여러 가지 액티비티를 즐길 수도 있다. 나무 꼭대기에서 짚라인을 타거나 험준한 지형에서 UTV를 탈 수도 있다. 그림 같은 트레일을 따라 파노라마 뷰포인트로 이어지는 승마 체험도 가능하다.

액티비티 중에서 가장 인기가 있는 투어는 UTV(랩터) 투어인데, 4인 단위로 목장 곳곳을 누비며 스릴을 느끼고 아름다운 뷰도 관찰할 수 있기 때문에 반드시 사전에 예약을 해야 즐길 수 있는 프로그램이다. 참고로 예약을 했더라도 티켓오피스에서 예약번호와 예약자의 신분증을 다시 확인하니 신분증을 반드시 챙길 수 있도록 하자. UTV랩터 투어의 경우에는 직접 운전을 해야 해서 국제운전면허증도 필요하다. 참고로 랩터 투어는 도착 순서대로 순번이 정해지니, 되도록 일찍 도착해서 줄을 설 수 있도록 하자. 같은 시간대라도 늦게 줄을 설 경우 투어 맨 뒤쪽에서 앞쪽 UTV가 내는 먼지를 다 마시면서 따라가야 하니 가능하다면 한 칸이라도 앞줄에 서서 출발하는 것이 낫다. 투어 가격은 어른 145달러, 13세 미만 70달러이며 4.7%의 세금이 별도로 부과된다.

워낙 규모가 있는 목장이라, 편의시설들은 다 갖추고 있다. 여러 가지 음식을 파는 식당이 있으며 기념품을 파는 상당히 큰 규모의 상점도 내부에 갖추고 있다. 하와이에서 파는 웬만한 기념품을 이곳에서 다 구할 수 있는 정도이니, 투어 프로그램 앞뒤로 쉬는 시간에 기념품점을 구경해보는 것도 알차게 시간을 보내는 방법이다.

2. 호오말루히아 보태니컬 가든(Ho'omaluhia Botanical Garden)

보통 식물원이라고 하면, 유리나 비닐에 덮힌 건축물을 상상하기 마련인데, 하와이 호오말루히아 보태니컬 가든은 야외 식물원이다. 하와이 오아후섬 우측면의 큰 산봉우리인 코올라우 레인지(봉우리)를 배경으로 자리하고 있어, 이 산맥을 배경으로 인생샷을 남기는 곳으로도 유명하다. 카일루아 해변, 라니카이 필박스, 라니카이 비치와 가까이 위치하고 있어 함께 동선을 짜는 것을 추천한다.

약 1.6㎢ 걸쳐 형성된 거대한 식물원에는 전 세계 열대 지역에서 온 5,000여 종의 식물들이 살아가고 있다. 구불구불한 길을 따라 테마별 정원을 지나면 생동감 넘치는 난초부터 우뚝 솟은 야자수까지 독특한 식물을 만나볼 수 있다. 그런데 워낙 식물원이 커서일까, 걸어서 하나하나 보기에는 너무 많은 시간을 들여야 하기 때문에 차량을 타고 코스를 돌며 전체적인 모습을 보는 것이 관광객에게는 더 나은 방법이다.

식물원 속에는 규모가 꽤 큰 저수지도 있는데, 저수지 주변을 산책하면서 고요한 분위기를 만끽하며 여유를 즐길 수 있다. 이 식물원은 조류 애호가들에게도 인기 장소이다. 다양한 열대 식물들이 살고 있어 토착 조류들은 물론 철새들에게도 좋은 쉼터가 되기 때문이다. 여유롭게 산책을 즐기거나 쌍안경을 가져와 나무 사이를 날아다니는 화려한 색의 새들을 관찰하면 식물원 체험에 매혹적인 경험을 더할 수 있다. 그리고 비지터 센터에서는 낚시대를 무료로 대여해주고 있어서, 호숫가에서 낚시를 즐겨보는 것도 좋은 경험이 될 수 있다.

식물원 입장은 무료라서 더욱 많은 사람들이 이곳을 찾는다. 원래는 식물원 입구에서부터 이어지는 쭉 뻗은 도로와 야자수들이 즐비한 배경으로 인

카후아 레후아 캠프사이트에서도
코올라우 봉우리가 아주 잘 보인다

주차장 내리막 도로. 저 멀리 병풍처럼
펼쳐진 코올라우 봉우리가 뷰포인트다

생샷을 남기는 것이 유행이었는데, 이제는 이 도로에서 정차를 하고 사진을 찍는 것이 공식적으로 금지되었다. 도로 위 촬영은 교통체증을 유발하기도 하거니와 도로에서의 촬영 자체가 너무 위험하기 때문이다. 식물원 전체 도로에서 사진 촬영이 금지되어 있으니, 반드시 참고하자. 이곳이 아니더라도 인생샷을 남길 곳은 충분하니 너무 걱정하지 말자.

가장 유명한 포토존은 이 식물원 내 위치하고 있는 캠핑장이다. 이 식물원 내에만 캠핑장이 세 군데가 있는데 그 중에 카후아 레후아 캠프사이트(Kahua Lehua Campsite)가 관광객들에게 가장 유명하다. 이 캠프사이트에는 코올라우 봉우리가 바로 보이기 때문에 이 봉우리를 배경으로 인물샷을 촬영하는 것이 인기다.

두 번째 유명한 포토존은 이 식물원에서 위치가 가장 높은 주차장이다. 주차장에 차를 주차하면 바로 이어지는 내리막 도로가 나오는데, 바로 이 내리막 도로 주변이 포토존으로 아주 인기있는 곳이다. 이 주차장에서도 코올라우 봉우리가 압도적인 느낌을 주며 펼쳐져 있는데, 모델이 내리막을 살짝 내려가는 위치에 서있을 때 촬영을 하면 산맥과 함께 느낌있는 사진을 촬영할 수 있다.

이 외에도 식물원 곳곳이 사진을 찍기 좋은 장소이니 시간적 여유가 된다면 곳곳을 둘러보며 촬영을 하는 것도 좋은 추억을 남길 수 있는 방법이다.

3. 돌 플랜테이션(Dole Plantation)

'Dole'은 우리에게 파인애플 관련 제품으로 친숙한 브랜드이다. 회사 이름은 '돌 푸드 컴퍼니(Dole Food Company)'인데, 이 회사의 시초가 바로 오아후섬의 파인애플 농장이었다. 지금은 오아후에 방문하는 많은 관광객들이 필수로 들리는 관광명소가 되었지만 하와이 원주민 입장에서는 이 회사가 그리 좋은 이미지를 갖고 있지는 않다.

1800년대만 하더라도 하와이는 미국 영토가 아니었고 독자적인 왕조를 갖고 있었다. 그런데 20세기 초에 Dole 창업주 가족이 미군을 앞세워 왕조를 폐위시키고 스스로 하와이 공화국 대통령이 된 후에 막대한 농업 이권을 가지게 된 역사가 있다. 2012년에 Dole은 사업 부진으로 일본 기업에 매각되면서 하와이 원주민들의 Dole에 대한 악감정은 조금 누그러진 듯하다.

지금은 하와이 최고 관광명소가 되어서, 노스쇼어를 가는 관광객들은 중간에 돌 플랜테이션을 꼭 들르는 편이다. 파인애플 관련 기념품과 아이스크림 덕에 아이를 동반한 가족 여행 뿐 아니라, 어른들끼리도 많이 찾는 명소이기도 하다. 돌 플랜테이션은 기차를 타고 농장을 둘러볼 수 있는 <익스프레스 트레인>, 셀프 가이드 투어로 여러 작물들이 자라는 정원을 둘러볼 수 있는 <가든 투어>, 그리고 세계 최대 규모의 미로 정원인 <Maze>를 유료 투어로 운영하고 있다. 가장 대중적으로 인기 있는 투어는 기차 투어인데, 기차를 타기 위해 줄을 선 사람들이 항상 붐비기 때문에 기차 투어를 이용할 계획이 있다면 오전에 방문하는 것을 추천한다.

아쉽게도 작물들이 자라고 있는 것을 구경하는 <가드투어>는 돈을 내면서까지 볼만한 것은 솔직히 없는 편이고, 어린아이를 동반하고 있다면 세계에서 가장 큰 미로(Maze)에서 길을 찾아보는 것을 추천하지만 이곳은 하와이의

돌 플렌테이션 입구. 관광객이라면
모두가 여기서 인증샷을 남긴다

정원에서 자라고 있는 파인애플들,
실제로 파인애플이 자라는 것을 처음
보면 너무나 신기하다

강한 햇볕에 그대로 노출되기 때문에 많은 사람들이 기념촬영만 하고 바로 빠져나오기도 한다. 각 투어 티켓은 인당 7~13달러에 팔고 있는데, 투어 두세 가지를 묶어서 할인해주는 콤보 할인 제도를 운영하고 있으니 트레인 하나만 타는 것이 아쉬울 경우 두 가지를 콤보로 구매하는 것이 조금 더 낫다.

아이스크림 1인분 양이다. 한국인이라면 2~3명이 먹을 정도의 양이다

정작 돌 플랜테이션에서 투어보다 더 인기 있는 것은 아이스크림과 기념품 샵이다. 엄청나게 많은 종류의 파인애플 아이스크림을 판매하며 그날 그날 달라지는 할인 프로그램까지 있으니 잘 확인해서 구매할 수 있도록 하자. 그런데 아이스크림 하나의 양이 우리나라 아이스크림의 약 2배다. 하나만 사도 충분히 여럿이서 맛볼 수 있으니 인원 수대로 구매하는 일은 피하는 것이 좋다. 양이 워낙 많아서 다 먹지 못하고 버려지는 아이스크림이 상당히 많기 때문이다.

기프트샵에는 파인애플을 모티브로 한 굿즈 뿐만 아니라 하와이의 대표적인 기념품들을 거의 다 팔고 있다고 해도 과언이 아니다. 찬찬히 둘러보면 맘에 드는 선물용 아이템과 여행 기념품 1~2개쯤은 쉽게 건질 수 있다. 그리고 기념품샵 중간중간에 포토존들도 있어서 사진촬영하는 재미도 같이 느낄 수 있으니 참고하자.

4. 돌핀퀘스트(Dolphin Quest)

돌핀 퀘스트는 수영장에서 돌고래와 함께 수영하고 교감할 수 있는 프로그램이다. 돌핀퀘스트는 빅아일랜드와 오아후 두 곳에 있는데 오아후 카할라 리조트의 돌핀퀘스트가 좀 더 유명하다. 돌고래와 함께 수영하는 프로그램이 흔한 기회는 아니지만 특히 하와이에서 돌고래 체험은 비용이 상당히 비싼 편이다. 아이가 너무 어리거나 돌고래와 같이 수영하는 것에 두려움이 있다면 직접 참여하지 않고 옆에서 구경해 보는 것도 재미있는 경험이 된다. 중간중간에 조련사들이 상처난 부위를 치료해주고, 간단한 훈련을 하는 모습은 무료로 공개되기 때문에 그것을 보는 재미도 쏠쏠하다.

프로그램에 참여하고 싶다면 미리 예약은 필수다. 특히 동반자 중에 어린 아이가 있다면, 돌고래를 무서워하는지 미리 파악해서 프로그램을 잘 골라야 한다. 돌고래를 가까이서 보면 몸집이 상당히 크다. 이런 돌고래가 물 속에서 빠르게 수영을 하면 어른 조차도 조금 무섭다는 생각이 든다. 따라서 아이가 겁이 평소에 좀 있는 경우 돌고래 동반 수영 프로그램을 신청하면 겁먹어서 체험을 못할 수도 있다. 물 밖에서 돌고래를 쓰다듬고 먹이를 주는 프로그램도 있으니 상황에 맞게 잘 선택하면 된다.

프로그램이 비싸긴 하지만 돌고래와 수영
해볼 수 있는 흔치 않은 기회이긴 하다

프로그램에 참여하지 않더라도
돌고래들이 노는 모습과 사육사들이
돌고래를 돌보는 모습 등을 볼 수 있다

[돌핀 퀘스트 프로그램 표]

프로그램 명	돌고래 체험 시간 (총 체험 시간)	체험 연령	금액	비고
돌핀 어드벤처	35분 (60분)	5살 이상	329달러(인당)	
돌핀 인카운터	25분 (30분)	5살 이상	245달러(인당)	
오아후 프리미엄 익스피어리언스	30분 (45분)	전 연령	1,125달러(3인)	3인 그룹 프로그램 3명까지 추가 가능
위 패밀리, 핀즈 앤 펀	10분	4살 이하	175달러(인당)	어른 필참 어른도 비용 소요
패밀리 스윔	25분	전 연령	1,560달러(가족당)	가족 6명 까지

아쉽게도, 체험 중에 핸드폰, 카메라, 고프로 등 사용이 불가하다. 대신 호텔 측에서 전문 사진사가 DSLR로 촬영해 주는데, 인화를 하려면 4~5일이 걸리기 때문에 짧게 여행할 경우 원본을 이메일로 전달해주기도 한다. 그런데 사진 비용이 사악하다. 사진 매수에 따라 다르지만 가족 사진을 원본 파일로 전부 받을 경우 대략 150불~200불 사이의 돈을 지불해야 한다.

다시 한번 말하지만, 아이를 동반할 경우 아이의 컨디션에 따라 돌핀퀘스트 체험이 악몽이 될 수도 있고 아주 소중한 경험이 될 수도 있다. 우리 가족이 방문했을 때도 한 가족이 엄청나게 우는 아이 때문에 체험을 제대로 하지도 못하고 굳은 표정으로 체험 시간을 다 보내는 것을 보았다. 어른의 욕심 보다는 아이의 컨디션에 잘 맞는 프로그램을 잘 고르는 것이 가족 모두를 위해 더 현명한 방법이다.

4) 쇼핑

하와이 섬들 중에 쇼핑에 가장 최적화된 곳을 꼽자면 단연 오아후라고 할 수 있다. 거주인구 수와 관광객이 하와이 섬 중에서도 가장 많기 때문에 기본 적으로 쇼핑 아이템들의 공급량이 높은 편이다. 그리고 쇼핑몰이나 명품샵에 방문해보면 의외로 붐비는 느낌을 받지는 않는다. 그래서 하와이 쇼핑을 극찬하는 사람들 중에는 '여유롭고 한산하게 쇼핑할 수 있다'는 점을 장점으로 꼽기도 한다. 그리고 무엇보다 하와이 주는 미국내 소비세(Sales Tax)가 뉴욕, 샌프란시스코, 시애틀 등 주요 도시들 대비 반 정도 밖에 되지 않기 때문에 실제 구매 가격도 그만큼 저렴한 편이다. 필요한 물건이 있다면 따로 일정을 배분해서 쇼핑을 즐겨보도록 하자.

1. 와이키키 쇼핑(Waikiki Area Shopping)

와이키키 지역에서는 해변을 따라 쭉 뻗어있는 칼라카우아 거리(Kalakaua Avenue)를 중심으로 주요 상업 지역이 형성되어 있다. 여러 유명 브랜드의 상점과 부티크가 즐비한데, 흔히 우리가 '쇼핑'할 때 떠올리는 패션, 주얼리, 명품 브랜드 제품 등을 쇼핑하기 좋다. 티파니, 에르메스, 페라가모, 루이비통 등 웬만한 명품 샵들은 이 거리에 다 모여 있다.

와이키키 지역 숙소에서 모두 걸어갈 수 있을 정도로 접근성이 좋은 것도 장점이다. 그래서 현장에서 바로 구매를 결정하지 않고 고민 후에 다시 들려서 구매할 수 있기 때문에 현명한 소비에 좀 더 유리하다.

와이키키를 지나면 반드시 보게 되는 티파니 건물

ABC마트(우)에서는 하와이 기념품을 살 수 있으며,
호놀루루 쿠키(좌)에서는 선물용 쿠키를 사기에 좋다

명품 뿐만 아니라 현지 기념품 상점도 상당히 많다. 이곳에서 하와이를 상징하는 하와이안 티셔츠, 꽃다발, 액세서리류를 구매하기 좋고, 하와이 원주민들이 만드는 원목 그릇들도 저렴하게 구매할 수 있다. 이 지역 곳곳에 위치하고 있는 'ABC마트'는 오일, 코나커피 등 하와이 특산품을 사기에 적당한 곳이며 앞서 소개했던 '호놀룰루 쿠키'는 여행 선물을 사기에 좋은 곳이니 참고하자.

2. 알라모아나 센터(Ala Moana Center)

와이키키에서 차로 약 5분 거리, 걸어서 15분 거리에 있는 알라 모아나 센터는 하와이 최대 규모의 쇼핑 명소 중 하나이다. 전체 쇼핑 플로어 면적은 약 22만 2천 제곱미터 크기인데 이는 축구장 약 35개 크기다. '한 번 둘러봐

이 구역은 'Tatget'이 가장 유명하고 큰 매장이기 때문에 'Target 부근'으로 안내된다.

알라모아나 센터 내의 유니클로. 지금까지의 스페셜 에디션을 전시해 두고 있다

야지'란 생각으로 방문하면 얼마 보지도 못하고 지칠 확률이 높으니, 가능하다면 보고싶은 브랜드나 상품을 대충이라도 정하고 방문하는 것이 체력과 시간을 아끼는 방법이다.

센터 내 직원들에게 찾고자 하는 브랜드를 물으면, 각 층별 가장 눈에 띄는 매장을 기준으로 설명을 해준다. 예를 들면 '마이클 코어스(Michael Kors) 매장'은 '2층 Macy's 부근에 있어요'라고 안내하는 식이다. 한 층 한 층도 너무 넓기 때문에 이런식으로 안내하는 것이 일반적이니 미리 알아두면 길을 찾는데 훨씬 편하다.

센터를 방문하면 먼저 1층 중앙무대 뒤쪽에 위치한 고객 서비스 센터를 찾아가자. 이곳에서 <디지털 프리미어 패스포트>를 받을 수 있는 암호 코드를 받을 수 있는데, 센터 전체 이벤트와 브랜드별 할인 혜택을 스마트폰으로 받아볼 수 있다. 받는 방법은 간단하다. 알라모아나 센터 한국어 블로그에 접속해서 '프리미어 패스포트 바우처'를 다운받자. 바우처를 스마트폰에서 열면 암호를 입력하라는 창이 뜨는데, 거기에다 고객 서비스 센터에서 받은 암호를 넣으면 현재 진행 중인 다양한 혜택을 확인할 수 있다.

그리고 고객센터에서는 메이시스(Macy's)할인 쿠폰도 제공하는데, JCB 카드 소지자한테만 제공해준다. Macy's에 입점해 있는 브랜드를 쇼핑할 계획이 있다면 10~15%할인을 받을 수 있으니 참고하자.

센터 내에는 300개가 넘는 상점과 레스토랑, 브랜드 매장들이 있기 때문에 몇 가지 대표적인 브랜드와 상품을 중심으로 동선을 짜는 것이 효율적이다. 아래는 한국 사람들에게 유명한 대표적인 브랜드와 상품 카테고리이니, 알라모아나 센터 방문 시에 참고하자.

카테고리	설명
패션 브랜드	알라 모아나 센터에는 세계적인 패션/럭셔리 브랜드의 매장이 많이 있다. 루이 비통(Louis Vuitton), 구찌(Gucci), 프라다(Prada), 버버리(Burberry), 샤넬(Chanel) 등과 같은 고급 브랜드 매장들은 센터코트(Center Court) 근처에 위치하고 있으니 한 번에 구경할 수 있다.
주얼리 및 액세서리	여자 향수 브랜드로 유명한 케이트 스페이드(Kate Spade)는 200불 이하의 실용적인 주얼리로도 미국내에서 유명하다. 이러한 케이트 스페이드를 비롯해 전통적인 주얼리 브랜드들인 티파니 & 코(Tiffany & Co.), 까르띠에(Cartier), 마이클 코어스(Michael Kors) 등의 매장들은 전부 2층에 위치하고 있다. (Kate Spade는 Ewa Wing 부근 위치, 나머지는 Neiman Marcus 부근에 위치)
화장품 및 향수	유명한 화장품, 향수 브랜드들은 알라모아나 센터에 위치한 노드스트롬(Nordstrom) 백화점 내에 위치하고 있다. 알라모아나 센터 일반 층에는 유명 화장품 브랜드를 거의 찾아볼 수 없으니 화장품을 원한다면 노드스트롬 백화점으로 찾아가야 한다. 세포라(Sephora), 맥(MAC), 에스티 로더(Estée Lauder), 조 말론 런던(La Malone London)같은 브랜드들은 모두 백화점에 입점해 있고, 목욕 용품으로 유명한 배스 앤 바디웍스(Bath & Body Works)의 경우는 센터 2층 Macy's 부근에 위치하고 있으니 참고하자.
스포츠 의류 및 용품	스포츠 용품도 화장품 브랜드들과 유사하게 나이키(Nike), 언더 아마(Under Armour), 아디다스(Adidas) 같은 유명 브랜드들은 노드스트롬 백화점에 입점해 있다. 대신 최근에 유행하는 룰루레몬(Lululemon Athletica)은 2층 Ewa Wing 부근에 위치한다.

3. 할레이와 마을(Hale'iwa Town)

오아후 북쪽 해안에 자리한 할레이와는 노스쇼어 여행객들에게 베이스캠프 같은 느낌을 주는 마을이다. 아기자기한 건물 페인팅은 인스타그램 '인생샷'을 남겨주며, 하와이 대표 먹거리인 쉐이브 아이스크림은 이곳이 하와이라는 것을 다시 상기시켜 준다. 이렇게 아기자기하고 이쁜 마을이지만 의외로 쇼핑 기회를 많이 주는 마을이기도 하다. 특히 할레이와 마을은 부티크 상점과 서핑 샵으로 유명하며 서핑 애호가와 패션에 관심이 많은 방문객 모두에게 만족감을 주는 곳이다.

하와이 여행을 기념할만한 이쁜 소품을 찾는다면 <노스 쇼어 마켓플레이스>에 들러보길 권한다. 이 야외 쇼핑 센터에서는 수제 장신구부터 전시용 굿즈까지 독특한 기념품을 많이 찾을 수 있다. 특히 알로하 제너럴 스토어(Aloha General Store)에서는 하와이 테마의 선물과 기념품을 구매할 수 있다. 훌라 인형부터 알로하 셔츠까지 하와이 문화가 담긴 다양한 아이템을 구경해 보자.

서핑보드를 구매하거나 렌트를 하려면 <할레이와 서프 샵(Hale'iwa Surf Shop)>에 들러보자. 이 가게는 특히 주인과 점원들이 친절하기로 유명하다. 세계 서핑의 중심지의 샵 답게 다양한 서핑보드, 의류, 액세서리를 둘러볼 수 있는 재미있는 곳이다.

이 마을에는 독특하게도 파타고니아 매장이 하나 있는데, 작은 규모에도 불구하고 이 마을에 들리는 관광객이라면 한 번 즈음 들리는 곳이기도 하다. 특히 하와이 리미티드 에디션을 팔고 있는데 일반 파타고니아 제품보다 가격을 더 저렴하게 팔고 있어서 좋은 기념품이 될 수 있다.

이 마을에서 가장 유명한 먹거리는 바로 쉐이브 아이스크림이다. 얼음을

이 마을의 파타고니아에서는
하와이에서만 살 수 있는
'pataloha'로고 제품을 팔고 있다

의외로 아이스크림 맛이 괜찮았다. 이 매장은 항상 붐비기 때문에 줄을 설 각오는 해야한다

얇게 깍아서 쌓고 그 위에 알록달록 시럽을 얹어서 먹는 단순한 아이스크림 이지만 이상하게도 너무 맛있다. 마을을 대표하는 빙수 가게는 <마츠모토 쉐이브 아이스(Matsumoto Shave Ice)>인데, 노스쇼어에서 이 마을로 들어오는 입구 쪽에 위치하고 있다. 약 20미터 정도의 대기줄이 항상 있으니 여유롭게 기다릴 수 있는 마음을 장착하자. 워낙 달콤한 향에 이 가게 주변에는 꿀벌들도 많으니 혹시나 쏘이지 않게 주의해야 한다.

하와이 하면 아사이 볼을 빼놓을 수 없는데, 이 마을에도 신선한 아사이볼을 맛볼 수 있는 곳이 있다. 바로 <할레이와 보울즈(Hale'iwa Bowls)>인데, 구글평점이 4.7이나 될 정도로 퀄리티는 보장된다. 단점이 있다면 앉아서 먹을 수 있는 테이블이 없다는 것과, 가게에 주차장이 없다는 것이다. 마츠모토 쉐이브 아이스크림과는 약 100미터 정도 떨어져 있으니, 거기에 주차를 하고 걸어가는 것도 방법이다.

정식을 먹고 싶다면 <할레이와 조(Haleiwa Joe's)>를 추천한다. 메인 메뉴는 스테이크와 씨푸드 그릴인데 가격대는 메인 메뉴 기준으로 35달러~50달러 선으로 와이키키 쪽 식당들에 비해 저렴한 편이다. 해변을 바라보며 먹는 코코넛 슈림프와 프라임 립이 유명한데, 특히 프라임 립은 엄청난 양이 나오니 메뉴를 시킬 때 참고하자.

4. 카일루아(Kailua)

오아후 섬 동쪽 해안에 자리한 마을인 '카일루아'는 하와이 중산층이 사는 정갈한 마을이다. 와이키키는 관광지로서 유명하다면, 카일루아는 하와이 현지인들의 마을로 유명하다. 그래서인지 마을의 느낌이 와이키키 대비 차분하고 정갈하다. 카일루아 지역에는 카일루아 비치, 라니카이 비치, 라니카

카일루아에 있는 스투시에서는 'Hawaii' 스페셜 에디션을 판매하고 있다

이 필박스 등 환상적인 경치를 자랑하는 관광지가 있으니, 이 관광지들을 방문할 때 카일루아 마을에 들러 쇼핑과 먹거리를 즐기면 효율적이다.

카일루아 마을 중심에는 '카일루아 타운 센터(Kailua Town Center)'가 위치해 있다. 의류, 보석, 기념품을 판매하는 다양한 상점이 있고, 하와이 리미티드 에디션을 판매하는 스투시(Stussy) 매장도 여기에 위치한다. 카일루아 마을에 위치한 스투시는 와이키키에 있는 스투시와 다른 리미티드 에디션을 판매한다. 와이키키는 '호놀룰루(Honolulu) 에디션'을, 카일루아에서는 '하와이(Hawaii) 에디션'을 판매하니 참고하자. 스투시 매장 옆에 위치한 '모닝브루(Morning Brew)' 커피숍과 '도넛 킹(Donut King)'은 이 마을 주민들이 애용하는 커피, 도너츠 맛집이니 참고하자.

카일루아 비치에서 활용할 수 있는 서핑장비, 패들보트나 카약을 대여하려면 카일루아 비치 센터(Kailua Beach Center)'에 방문하자. 이 센터에 있는 카일루아 비치 어드벤처(Kailua Beach Adventure)에서는 서핑, 스노클링, 바디

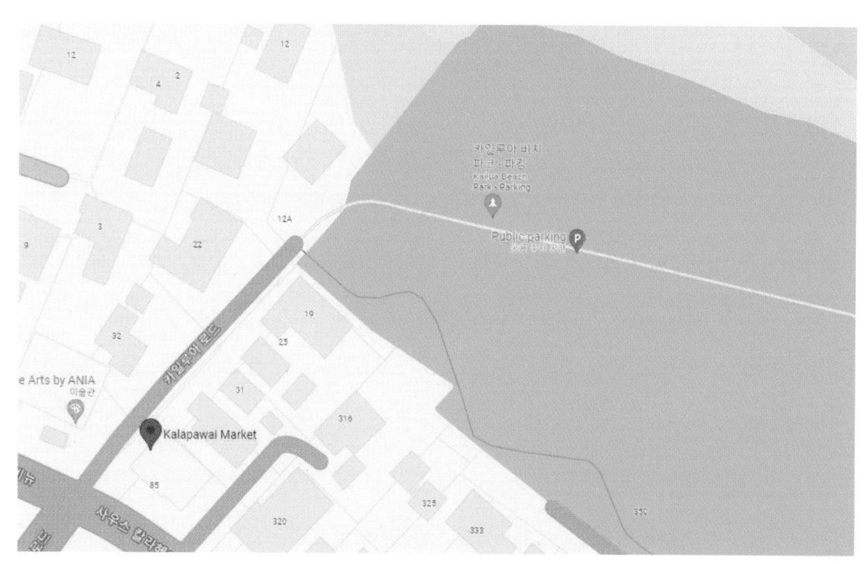

Kalapawai Market은 가성비가 좋아서 간단한 요기를 하기 안성맞춤인 카페다

보딩, 스탠드업 패들링, 카약을 대여해주기도 하고 관련 스포츠의 레슨도 제공한다. 당일 예약도 되지만, 만약을 대비하여 홈페이지에서 원하는 상품을 예약하고 방문하도록 하자.

카일루아 비치 센터에는 피자 맛집이 위치하고 있으니 출출하다면 '밥스 피쩨리아(Bob's Pizzeria)'를 이용해보자. 조각 피자도 판매하고 있으니 인원수가 적어도 부담이 없다. 이 피자집의 장점은 '짜지 않다'는 점인다. 미국 피자들이 한국인에게는 엄청나게 짜게 느껴지는데 이 집은 짜지 않게 맛있게 피자를 만든다.

카일루아 해변 공원 주차장 바로 뒷편에는 간단한 샌드위치류와 커피를 먹을 수 있는 칼라파와이 마켓(Kalapawai Market)이 있다. 해변에서 간단히 먹을 용도의 음식들을 팔고 있는데 커피류는 2~3달러 정도로 하와이 물가를 생각한다면 상당히 저렴한 편이다. 샌드위치는 따뜻한 메뉴와 차가운 메뉴를 달리할 정도로 전문적인데, 가격은 10~20달러 사이이니 참고하자.

5. 와이켈레 프리미엄 아울렛(Waikele Premium Outlets)

하와이가 쇼핑하기 좋은 여행지라고 하는 것은 다른 미국 도시들보다 소비세가 낮기 때문이지 아울렛이나 백화점이 많고 물건이 다양해서가 아니다. 아울렛도 마찬가지로 미국 본토에 있는 아울렛들의 규모에 비하면 하와이 와이켈레 아울렛은 상당히 아담한 편이다. 그래도 한국인들이 좋아하는 브랜드인 폴로 랄프 로렌(Polo Ralph Lauren)과 타미힐피거(Tommy Hilfiger), 리바이스(Levi's), 캘빈클라인(Calvin Klein)이 입점해 있고 가방으로 유명한 토리버치(Tory Burch)와 코치(Coach)도 입점해 있어서 한 번쯤 들러 볼만 하다.

한국인들에게 가장 인기가 좋은 폴로 매장에 들어서면 하와이에서 가장 많은 한국인을 볼 수 있을 정도로 한국인이 많다. 이런 점이 오히려 장점으로 작용하기도 한다. 하와이 여행 정보 카페로 유명한 '하샌로라' 같은 곳에서는 폴로 할인 쿠폰을 서로 나눔하기도 하니, 혹시나 필요하다면 카페에 올라오는 쿠폰 게시물을 눈여겨 보도록 하자. 폴로에서는 이미 구매한 고객들의 이메일로 쿠폰을 종종 보내주는데, 이미 다녀간 여행자들은 이 쿠폰이 당장 필요없기 때문에 카페를 통해 나눔하고 있다. 의외로 구하기가 어렵지가 않으니 카페나 블로그를 통해 방문 전에 구해보도록 하자.

혹시나 구하지 못했다면 'Simon'앱을 깔고 할인 쿠폰을 찾아보자. 보통 앱을 새로 설치한 회원들에게 15%할인 쿠폰을 주고 있으니, 반드시 활용하도록 하자.

와이켈레 아울렛에는 특별한 먹거리가 있다. 아울렛 왼쪽 뒷편에는 여러

한국인에게 항상 인기가 있는 폴로 매장. 일찍 가지 않으면 재고가 금방 빠진다

푸드트럭들이 모여있는 곳이 있는데, 이곳에 한식을 메뉴로 하는 푸드트럭이 2개나 있다. 하나는 '무지개 식당'인데 갈비나 비빔밥, 불고기를 먹을 수 있고 다른 하나는 '노랑 키친' 식당이고 비빔밥과 오징어볶음, 소고기 육전 등을 먹을 수 있다. 가격은 두 식당 모두 약 15~20달러 선이다.

차량으로 쉽게 접근할 수 있는 전망대

하와이 전망대들은 차량으로 쉽게 접근할 수 있는 곳이 많다. 별 다른 노력 없이도 하와이 섬의 아름다운 뷰를 볼 수 있는 기회이니, 드라이브를 하거나 다른 목적지를 찾아갈 때 아래 전망대들이 동선에 있다면 주차를 하고 경치를 마음과 눈에 담는 시간을 잠시 갖도록 하자.

1. 차이나 월(China Walls)

차이나 월은 다른 관광지보다 상대적으로 덜 알려진 곳이며, '카이'라는 오아후 고급 주거 지역에 위치하고 있다. '차이나 월(China Walls, 만리장성)이란 이름은 마치 만리장성의 거대한 벽처럼 생겼다고 해서 붙여진 이름인데, 바다에서 솟아오른 거대한 용암 안반지형이 마치 중국의 만리장성을 닮아 있다. 차이나 월 주변에는 항상 파도가 크게 치고 있어서 암반 위에서 파도를 내려다보는 재미가 있는 곳이다.

차이나 월은 호불호가 갈리는 관광지이다. '이게 뭐야?'라고 생각하는 사람들이 있는 반면 '용암으로 이렇게 지형이 만들어졌다고?', '저 밑으로 크게 치는 파도 좀 봐'라고 예상치 못한 감동을 받는 사람들로 나뉘어진다. 우리 가족의 경우 큰 기대를 하지 않고 찾아갔던 덕분인지 이 곳에서 30분 정도나 시간을 보내며 오아후 섬쪽으로 강하게 움직이는 해류를 멍하니 쳐다보곤 했다.

따라서 평소에 파도 멍을 때리는 것이 이해가지 않거나 기암괴석을 봐도 아무런 흥미가 일지 않는 사람이라면 이곳을 추천하지는 않는다. 좀 차갑게 말하면 '바닷가에서 파도 치는 게 뭐가 재밌어?'라고 생각할 수도 있는 관광지이기 때문이다. 하지만 접근성이 좋기 때문에 차로 근처를 지나간다면 한 번쯤 들러 볼만 하다. 코코 크레이터 레일웨이 트레일과 가까운 곳에 위치하기 때문에 같은 동선에 놓고 여행을 하기에 좋다.

차이나 월은 주택가에 위치하고 있기 때문에 공영주차장이 별도로 없으며, 주차금지 표시가 없는 적당한 갓길에 주차를 해야 한다. 주택가에서 차이나 월로 가려면 경사진 곳을 1~2분 정도 내려가야 하는데, 조금 가파른 길이지만 크게 위험하지는 않다. 현지인들 위주로 차이나 월 위에서 바다로 다이빙하는 것을 즐기기도 하는데, 파도가 강한 곳이라서 다이빙은 추천하지 않는다.

종종 큰 파도가 쳐서 바닷물이 위쪽까지
튀니, 옷이 젖지 않도록 주의하자

2. 라나이 전망대(Lanai Lookout)

오아후의 아름다운 남동쪽 해안 전경을 볼 수 있는 라나이 룩아웃은 주차장과 전망대가 붙어 있다. 주차 후 경치를 구경하고 다시 출발할 때까지 채 10분이 안 걸리는 곳이니 72번 도로를 드라이브할 때 반드시 들려야 할 곳이다.

라나이 전망대의 가장 큰 매력은 이 지역의 특징인 독특한 지질 구조물과 그 구조물을 둘러싸고 있는 태평양 바다이다. 울퉁불퉁한 검은 용암 바위가 해안선을 둘러싸고 있으며, 수 세기에 걸친 화산 활동으로 인해 초현실적인

이곳은 하와이 특유의 에메랄드 빛 바다가 아닌 태평양의 짙은 푸른색 바다를 볼 수 있다

모양과 틈새를 형성하고 있다. 전망대에 서면 태평양의 짙푸른 바다와 극적으로 대비되는 울퉁불퉁한 용암 암석의 모습에서 이상하리만큼 자연의 원초적인 힘을 느낄 수 있다.

맑은 날에는 수평선 너머로 하와이의 다른 섬인 몰로카이 섬과 라나이 섬이 보이기도 한다. 남동쪽 끝부분에 위치하고 있기 때문에 일출과 일몰 동시에 감상할 수 있기도 하다.

3. 할로나 블로우 홀(Halona Blow Hole)

'블로우 홀'은 파도의 압력으로 인해 해양수가 분수처럼 위로 솟구치는 지형대를 말한다. 하와이에서도 몇 개의 블로우 홀이 있지만, 가장 유명한 것이 바로 '할로나 블로우 홀'이다.

할로나 블로우 홀 역시 72번 국도를 따라 드라이브를 할 때 들러 보기 좋은 관광지이다. 주차장도 큼직하게 잘 조성되어 있고, 오아후의 대중교통인 '트롤리'의 블루라인과 '더 버스(The Bus)' 22번이 이곳을 지난다. 트롤리 블루라인을 탑승하면 할로나 블로우홀에 10~15분간 정차하며 관광할 시간을 주기 때문에 다음 버스를 기다릴 필요없이 짧게 둘러보는 것이 가능하다.

주차장에서 바다를 바라보며 좌측 아래 쪽에 블로우 홀을 관찰할 수 있는 곳이 있다. 가드레일 안쪽에서 해안의 바위들을 바라볼 수 있는데, 이 중 한 곳에서 블로우 홀 현상이 일어난다. 사실 처음엔 어떤 곳이 블로우 홀인지 분간이 잘 안 된다. 용암으로 만들어진 기암 괴석이 전부 블로우 홀처럼 보이기 때문이다. 그런데 조금만 기다려보면 하늘로 솟구치는 물 분출을 볼 수 있다.

블로우 홀에서 물이 솟구치려면 타이밍이 중요하다. 먼저, 홀에 바닷물이 가득찰 시간이 필요하고, 그 뒤에 강력한 파도가 용암굴로 밀려들어와 홀에 가득 찬 바닷물을 공중으로 밀어올리는 것이다. 바람이 많이 부는 날 혹은 파도가 강하게 치는 날에는 물기둥의 엄청난 힘과 높이에 압도되기도 한다.

할로나 블로우 홀은 '할로나 비치 코브'와 바로 맞닿아 있으며 주차장도 같이 사용한다. 다만 주차장에 화장실이나 매점 같은 편의시설은 없으니 유의하자. 또한 이 주차장은 워낙 관광객들이 많이 몰리는 곳이라 유리 파손 절도도 상당히 심각한 곳이다.

블로우 홀 바로 옆까지 내려가
볼 수도 있다. 파도가 거친 날은
위험하니 위에서 관찰하도록 하자

블로우 홀 주차장에
트롤리가 정차한다

이 가드레일 부분에서 아래쪽 바위들
사이를 보면 블로우 홀을 볼 수 있다

할로나 블로우홀과 붙어 있는
해변인 '할로나비치코브'

'사람들이 많은 곳'과 '도둑질'이 어울리지 않는 단어지만, 사람들이 많기 때문에 도둑들에게는 훔쳐갈 것도 많다고 느껴지는 것 같다. 정말 순식간에 유리창을 깨고 물건을 훔쳐 가기 때문에 목격자도 많지 않다. 절도를 피하려면 차량 내부 보이는 곳에는 아무 물건도 남기면 안 된다. 조금이라도 돈이 될만한 것들이 도둑들의 타겟이기 때문에 깨끗하게 정리하고 주차를 하는 것이 절도 방지에 도움이 된다.

망원경이 있다면 먼 바다에서 헤엄치고
있을지도 모르는 고래를 찾아보자

4. 마카푸우 전망대(Makapu'u Lookout)

오아후 섬 가장 오른 쪽에 위치한 마카푸우 전망대는 해안가에 위치하면서도 지대가 높아 동쪽 해안선의 아름다운 경치와 태평양 해안을 함께 볼 수 있는 곳이다. 그리고 무엇보다 주차장과 전망대가 바로 붙어 있어 접근성이 좋다는 것도 큰 장점이다.

전망대에 도착하면 여러 가지 안내판이 설치되어 있는데, 그 중 하나는 '혹등고래를 볼 수 있다'는 것이다 마카푸우 전망대는 겨울철 고래 관찰을 위한 최고의 장소로 유명하다. 물론 고래를 더 직접적으로 관찰하기 위해서는 투어를 예약하여 바다로 직접 나가야 하지만, 오아후 동쪽 해안에서는 간혹 유영하고 있는 먼 바다의 혹등고래를 육안으로 볼 수 있다. 쌍안경이 있다면 지참하는 것도 좋은 방법이며, 그렇지 않더라도 육안으로도 작지만 확실한 혹등고래의 유영을 볼 수 있다.

고래 외에도 전망대 좌측편에 펼쳐지는 해안 뷰도 무척 아름다운데, 깎아지른 절벽 아래 형성되어 있는 마카푸우 비치 파크의 모습은 무척 경이롭다. 그리고 정면에 보이는 2개의 열도도 자칫 심심할 수 있는 태평양 뷰를 다채롭게 채워주고 있으니, 소위 '바다멍'을 때리기에도 좋은 장소이다.

탄탈루스 전망대에서 바라본
다이아몬드 헤드.
전망대 앞쪽 잔디밭에서
사진을 찍으면 이런 느낌이다

5. 탄탈루스 전망대(Tantalus Lookout)

푸우 우알라카아 주립공원(Puu Ualakaa State Park) 높은 곳에 자리한 탄탈루스 전망대에서는 저 멀리 다이아몬드 헤드와 호놀룰루 그리고 주변 해안선의 풍경을 감상할 수 있다. 구불구불한 탄탈루스 드라이브를 굽이굽이 돌아 전망대에 도착하면 오아후 남쪽 일대가 끝없이 펼쳐진 파노라마 뷰를 만나게 된다.

이날은 갑자기 내린 소나기에 태양빛이
산란되어 독특한 광경이 연출됐다

탄탈루스 전망대는 일몰과 야경으로 더 유명하다. 그런데 차로 닿을 수 있는 전망대는 오후 6시 45분에 문을 닫는다. 딱 여름 시즌 일몰 직후 시간대까지만 머물 수 있으며, 그 시간이 지나면 관계자가 차들을 산 아래로 내려보낸다. 그래서 이 주립공원에서 오아후의 야경을 보려면 언덕을 어느 정도 내려온 다음 갓길에 주차하는 수밖에 없다.

밤이 되면 탄탈루스 전망대는 야경을 보려는 차들로 갓길이 가득차 있을 정도다. 주변에는 가로등이 무척 적기 때문에, 조심해서 공간을 확인하고 주차할 수 있도록 하자.

탄탈루스는 호놀룰루 시내 야경을 볼 수
있는 몇 안 되는 곳이다

6일 추천 코스

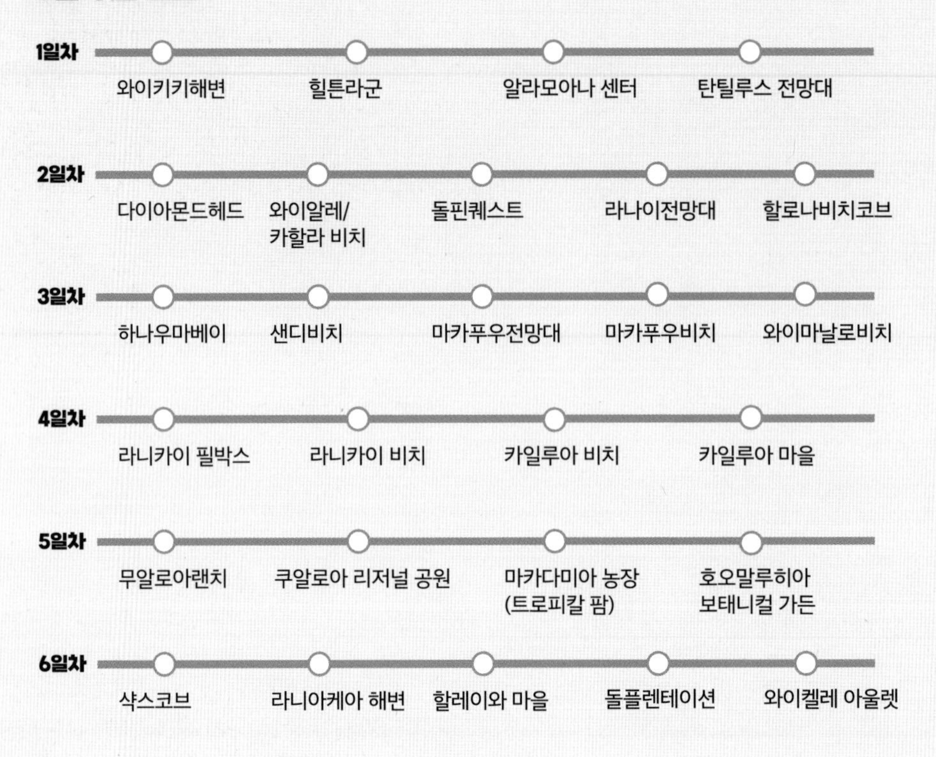
1일차
와이키키해변
힐튼라군
알라모아나 센터
탄틸루스 전망대
2일차
다이아몬드헤드
와이알레/
카할라 비치
돌핀퀘스트
라나이전망대
할로나비치코브
3일차
하나우마베이
샌디비치
마카푸우전망대
마카푸우비치
와이마날로비치
4일차
라니카이 필박스
라니카이 비치
카일루아 비치
카일루아 마을
5일차
무알로아랜치
쿠알로아 리저널 공원
마카다미아 농장
(트로피칼 팜)
호오말루히아
보태니컬 가든
6일차
샥스코브
라니아케아 해변
할레이와 마을
돌플렌테이션
와이켈레 아울렛